Energie- und Produktionswende im ländlichen Raum

Bernhard Adler · Martin Dykstra · Michael Winterstein

Energie- und Produktionswende im ländlichen Raum

Bernhard Adler
Halle (Saale), Deutschland

Martin Dykstra
Jessen, Deutschland

Michael Winterstein
Teutschenthal, Deutschland

ISBN 978-3-658-33443-7   ISBN 978-3-658-33444-4   (eBook)
https://doi.org/10.1007/978-3-658-33444-4

Die Deutsche Nationalbibliothek verzeichnet diese Publikation in der Deutschen Nationalbibliografie;
detaillierte bibliografische Daten sind im Internet über http://dnb.d-nb.de abrufbar.

Planung/Lektorat: Daniel Froehlich
Springer Vieweg ist ein Imprint der eingetragenen Gesellschaft Springer Fachmedien Wiesbaden GmbH und ist
ein Teil von Springer Nature.
Die Anschrift der Gesellschaft ist: Abraham-Lincoln-Str. 46, 65189 Wiesbaden, Germany

Vorwort

Dem ländlichen Raum kommt bei der Erzeugung regenerativer Energien zukünftig eine besondere Bedeutung zu. Zum Einen ist für die Errichtung von Wind- und Solarparks eine prinzipielle Flächenverfügbarkeit vorhanden. Zum Anderen müssen Land- und Forstwirtschaft langfristig ihren Pflanzenanbau auch auf die Versorgung der Chemischen Industrie mit nativen Rohstoffen erweitern. Auch die Industrierohstoffe stellen letztlich über das Pflanzenwachstum konvertierte und akkumulierte Sonnenenergie dar. Beide Aufgabenkomplexe lassen sich nicht konfliktfrei und nur schrittweise in bestehende ländliche Strukturen integrieren. Eigentlich steht in der Gesellschaft ein gravierender Umbruch bevor. Doch dieser Strukturwandel kann nur gelingen, wenn sich die Konsumgewohnheiten der Gesellschaft ändern, der derzeit exaltierte Konsum auf ein wirklich notwendiges Maß reduziert wird. Energiewende bedeutet also sowohl den Aufbau neuer Technologien zur Energiegewinnung als auch eine Energiereduzierungen in Produktion und Konsumtion. Im Detail werden im vorliegenden Buch folgende Schwerpunkte behandelt:

- Verfahren der Energiegewinnung und Speicherung im ländlichen Raum,
- Gewinnung nativer Energie- und Syntheserohstoffe,
- Energieeinsparungen bei Produktions- und Konsumtionsprozessen,
- energiesparende Produktionstechniken im Ackerbau, das Precision Farming, sowie
- Aufbau und Organisation einer CO_2-neutralen Recyclinggesellschaft.

Das Buch versucht die Energiewende also als eine multivariat-komplexe Einheit aller Produktions- und Konsumtionsprozesse darzulegen mit dem Ziel, eine Energie effiziente Recyclinggesellschaft zu organisieren. Der Aufbau von Agrar-Energie-Komplexen im ländlichen Bereich scheint hierfür ein erster, sinnvoller Schritt für die Umstrukturierung zu sein.

Das Buch möchte nicht nur Experten verschiedener Wissensdisziplinen ansprechen. Was den Energie sparenden Konsum anbetrifft, eigentlich jeden einzelnen Verbraucher. Deshalb ist es allgemeinverständlich abgefasst. Fachbegriffe werden in einem umfangreichen Glossar erläutert. Begriffe, die dort erklärt werden, sind im Text durch Fettschrift gekennzeichnet. Ein Literaturteil verweist auf weiterführende Literatur.

Bernhard Adler
Martin Dykstra
Michael Winterstein

Inhaltsverzeichnis

Grenzen des Wachstums

Der Klimawandel als Folge menschlichen Fehlverhaltens von Produktion und Konsumtion ist weltweit und für jedermann an großflächigen Umweltzerstörungen spürbar. Die Verwüstung landwirtschaftlicher Nutzflächen, das Abschmelzen der Eisgletscher an den Polkappen oder in den Hochgebirgen, das Absterben der Wälder und nicht zuletzt die Erwärmung der Erdatmosphäre bilden markante Zeichen dafür, dass der Mensch das zerstört, von dem er seit vielen Tausend Jahren gelebt hat und zukünftige Generationen leben müssen. Ein Schritt, den Klimaveränderungen Einhalt zu gebieten, besteht in der Reduzierung der CO_2-Emissionen, vor allem in der Einstellung der Verstromung fossiler Energieträger aus Braun- und Steinkohle. Entsprechend erstellte am 26.01.2019 für die Bundesrepublik Deutschland die sogenannte Kohlekommission den Plan zum Abfahren der Kohlekraftwerke und legte in ihrem Abschlussbericht für den vollständigen Ausstieg aus der Kohleverstromung das Jahre 2038 fest. Die Denkschrift trägt den Titel „Wachstum, Strukturwandel und Beschäftigung" [1]. Aber bereits das erste Wort in der Überschrift des Protokolls zum Kohleausstieg wirft die Frage auf, wieso zum Kohleausstieg Wachstum notwendig ist, wenn die Klimaveränderungen auf Produktionsausdehnung in allen Wirtschaftsbereichen zurückzuführen sind? Bereits im Jahre 1969 hatte ein internationales Gremium von Wissenschaftlern und Industriellen in Rom auf die Endlichkeit des Wachstums verwiesen. Im Jahre 1972 veröffentlichten die unter dem Namen Club of Rome bekannt gewordenen Experten ihre Ergebnisse unter dem Titel „Endlichkeit des Wachstums" [2]. Ihre damals völlig neuen, aber bis heute zutreffenden Aussagen über die Begrenzung eines allgemeinen Wirtschaftswachstums fanden weltweit jedoch bisher kaum Beachtung.

Wiewohl die Kernaussage des Kohleprotokolls, bis 2038 die Verstromung von Kohlen zu beenden, begrüßenswert ist, bleiben zwei Problemfelder im Protokoll nicht schlüssig behandelt. Ein Mal die Frage, warum Kohlekraftwerke überhaupt abgeschaltet werden müssen und wenn ja, durch welche Energieerzeugungen sie ersetzbar sind? Das

© Der/die Autor(en), exklusiv lizenziert durch Springer Fachmedien Wiesbaden GmbH, ein Teil von Springer Nature 2021
B. Adler et al., *Energie- und Produktionswende im ländlichen Raum*,
https://doi.org/10.1007/978-3-658-33444-4_1

erstgenannte Problemfeld hinterfragt die Existenz jetziger Kohlekraftwerke. Diese Kraftwerke arbeiten nicht zum Selbstzweck, sondern weil eine entsprechende Nachfrage
nach Elektroenergie existiert. Doch welcher Anteil davon ist wirklich lebensnotwendig
und welcher Teil dient einer exaltierten Konsumbefriedigung? Die Beantwortung dieser
Frage erfolgt detailliert zwar in den Abschn. 7.1 und 7.2. Es sei aber an dieser Stelle
bereits vorweggenommen, dass bei Weitem der derzeitige Verbrauch an Elektroenergie
nicht zum Erhalt lebenswichtiger Prozesse dient.

Die Substitution der Kohlekraftwerke wird im Strategiepapier zum Kohleausstieg mit dem erweiterten Ausbau der regenerativen Energien, also Wind- und Solar-
energie beschrieben. Die Realität der Jahre 2017 bis 2019 zeigt, dass der Zuwachs
bei den erneuerbaren Energien viel zu gering ist, um die propagierten Klimaziele
im vorgegebenen Zeitfenster zu erreichen (Tab. 1.1). Der Aufbau neuer Onshore-
Windenergieparks ist fast zum Erliegen gekommen. Windradbauer verlagerten einen Teil
ihrer Produktion in Billiglohnländer, um überhaupt die Produktion aufrecht halten zu
können. Gleichzeitig vollzieht sich mit dem Ausbau im Kommunikationsbereich und mit
der Umstellung bei Automobilen von Verbrennungs- auf Elektromotoren eine kontinuier-
liche Erhöhung des potenziellen Strombedarfes. Dass auf diese Art die Energiewende nicht realisierbar ist, haben Ingenieure und Naturwissenschaftler veranlasst, im
Jahre 2019 den Verein EnergieVernunft-Mitteldeutschland e. V. zu gründen. Bisherige
Aktivitäten des Vereins sind vor allem darauf gerichtet, ein vorzeitiges Abschalten der
modernen Braunkohlekraftwerke im mitteldeutschen Revier an den Orten Schkopau
und Lippendorf zu verhindern, um einen Kollaps in der Wirtschaft zu vermeiden. Wiewohl dieses Anliegen vernünftig erscheint, stellen die Aktivitäten des Vereins keinen
nachhaltigen Beitrag, dem Klimawandel Einhalt zu gebieten, dar. Nachhaltig bleibt
letztlich nur der Ausbau der regenerativen Energien, eine Forderung, die man ohne
zusätzliche Bereitstellung von Flächen für die Energieparks aber nicht realisieren kann.
Stehen solche Betriebsflächen für Wind- und Solarparks für die Substitution der stillzu-
legenden Kohlekraftwerke zeitnah zur Verfügung? Man glaubte, die Frage mit dem Bau
von Offshore Windparks lösen zu können. Für Nord- und Ostsee werden Stellflächen in
sogenannte **AWZ** von insgesamt 33 000 km^2 ausgewiesen. Mit der Nennleistung von
0,485 GW auf 37 km^2 Fläche des 2019 in Betrieb genommenen Windparks Arkona in

Tab. 1.1 Entwicklung der erneuerbaren Energien in den Jahren 2017 bis 2019

Energieart	2017 in GWh	2018 in GWh	2019 in GWh	2019 in %
Biomasse	41	40,5	40,2	19
Wind Onshore	86,3	88,7	99,2	46,8
Wind Offshore	17,4	19,2	24,4	11,5
Solar	35,4	40,8	41,3	19,5
Wasserkraft, Gas, Geothermie				3,2

der Ostsee würde diese Verfügbarkeit einer theoretischen Leistung von 434 GW entsprechen. Betrachtet man die Zuwächse an E-Energie allein für die E-Mobilität, so reicht jedoch diese Leistung bei Weitem nicht aus (Tab. 1.2, Spalte 4). Ein anderer schnell wachsender Energieverbraucher ist die IT-Brache. Allein der derzeitige Serverbetrieb beansprucht 1,647 TWh/a, davon ließen sich durch technische Verbesserungen zwar 280 GWh zukünftig einsparen [3]. Aber das Wachstum der Branche wird mit 1,5 bis 9 %/a angenommen. Verbraucherseitig wächst im IT-Bereich mit dem Aufbau der verschiedenen Netze und der damit verbundenen neuen Nutzungsmöglichkeiten der Energiebedarf ebenfalls sehr stark an. Wer hätte vor der Corona-Epidemie schon an einen digitalen Schulbetrieb oder ein Home Office gedacht? Also stellt sich die Frage, kann zukünftig der Energiebedarf durch Wind- oder Solarparks bereitgestellt werden, reichen die ausgewiesenen Flächen zur Energiegewinnung überhaupt aus? Die Modellbetrachtungen am Beispiel der Mecklenburger Bucht, ihre Größe entspricht einer Fläche von ca. 3500 km^2 zwischen der Insel Fehmarn bis zur Halbinsel Darß (Abb. 1.1), zeigen, dass der überwiegende Teil der Bucht nicht mit Windparks bebaut werden kann. Man würde zwar in dieser Fläche maximal 30 GW vom Typ Arkona installieren können. Damit wäre diese Ostseebucht vollständig mit Windrädern zugebaut [4]. Ein Aufbau der Windräder außerhalb der Sichtweite von 17 bis 20 km Entfernung tangiert z. T. bereits dänische Hoheitsgewässer. Wie viel Prozent der AWZ-Fläche in der Ostsee wirklich nutzbar sind, wird genauso wie an Land fallweise per Gerichtsbeschluss durch jahrelang sich dahinschleppende Prozesse entschieden und ist mithin kaum planbar. Und mit diesem bisher praktizierten Procedere kann der festgelegte Zeitplan zum Energiewende wahrscheinlich nicht eingehalten werden.

Tab. 1.2 Produzierte Energiemengen im Jahre 2018/2019

Energie/Jahr 1	Leistung in GW[1)] 2	Menge in TWh 3	Bemerkung 4
[1] KKW 2018		72,1	Abschaltung bis 2022
[2] Kohle 2018		207	Abschaltung bis 2038
[3] gesamt (Kohle + KKW)	31,86	279,1	
[4] Windkraft Offshore 2019		13,73	in Nord- und Ostsee installiert
[5] Windkraft (nur Nordsee 2030)	17	149	geplant
[6] Diesel (Jahresverbrauch 2018)	47,6	417	E-Mobilität
[7] Benzin (Jahresverbrauch 2018)	21,57	189	E-Mobilität
[8] Substitution + E-Mobilität	101	885	
[9] max. Verfügbarkeit Nordsee	375		aus AWZ
[10] IT-Branche nur Surverbetrieb	0,188	1,647	2019
[11] IT-Branche Anwender	?	?	Wachstum unklar

[1)] bei maximaler Stundenleistung von 8760 h/a, notwendige Substitution rot, vorhanden schwarz, geplant grün

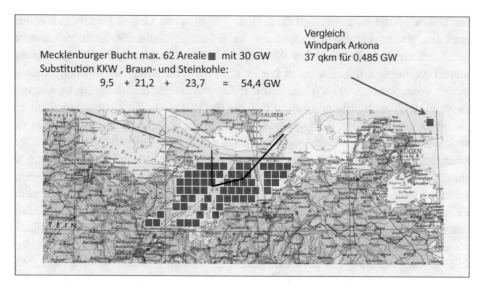

Abb. 1.1 Windparkäquivalente in der Mecklenburger Bucht – außerhalb der Sichtweite

Für die Bewältigung der Energiewende ist die für Deutschland verfügbare Ostsee-fläche insgesamt viel zu gering. In dem deutschen Flächenanteil der Nordsee ließen sich potenziell etwa 375 GW Leistung bei Aufbau von Windrädern vom Arkonatyp installieren (Tab. 1.1, Zeile 9). Windräder höherer Leistung, z. B. auf der Basis von Permanentmagneten aus **SE-Metallen** könnten die Diskussion über die Flächenver-fügbarkeit wesentlich entspannen. Schwimmende Windkraftanlagen sind zwar in ihren Investitionskosten wesentlich billiger als die derzeitige Offshore-Technik, können vor allem in Tiefen bis 300 m installiert werden, aber benötigen ebenfalls eine relativ große Schwimmfläche [19].

Die ausgewiesenen AZW-Flächen in der Nordsee bedeuten nicht automatisch eine Freigabe zur Windparknutzung. Zwar treten durch das Schutzgebiet Wattenmeer mit einer Breite von 5 bis 20 km weit weniger Beeinträchtigungen für die Seebäder auf. Aber um die ausgewiesenen AZW-Flächen konkurrieren in der Nordsee noch andere Nutzer. U. a. betreibt Deutschland auf der sogenannten Mittelplatte eine Bohrinsel zur Erdöl-förderung und im Sektor A6/B4, dem Entenschnabel, eine Gasbohrinsel. Neuerdings macht eine bayrische Firma für das Jahr 2021 eine Fläche als Basis für Raketenstarts geltend [5]. Bis 2030 sollen aus der Nordsee 17 GW, das entspricht einer Nennkapazi-tät von 149 TWh, lieferbar werden (Tab. 1.1, Zeile 5). Derzeit sind in der Nordsee Windräder mit einer Gesamtleistung von lediglich 6,7 GW installiert. Die genannten Kapazitäten an Windenergie reichen nicht zur Substitution der Kohle- und Kernenergie, geschweige für den steigenden Bedarf für die geplante Elektromobilität (Tab 1.2, Spalte 3). Weder die Off- noch die Onshore Flächen wachsen bei steigendem Energie-bedarf nach. Allein durch diese Überlegung hätten der Kohlekommission Zweifel an

der propagierten Wachstumsaussage kommen dürfen. Als Einleitung zum Kohleausstieg wäre das Propagieren eines sparsamen Umgangs mit allen Formen der Energie als
Einstieg in eine Energiewende sinnvoller gewesen. Das schnelle Abschalten von Kohle-
kraftwerken wie von Ökoaktivisten vehement gefordert, reicht ebenso wenig, wie das
Argumentieren mit antiquierten Wachstumsparolen. Die Energiewende stellt vielmehr
einen langwierigen, komplexen Umstrukturierungsprozess sowohl der Wirtschaft als
auch im privaten Bereich zu:

- Energie sparenden Produktions- und Transporttechnologien,
- Energie sparenden Konsumgewohnheiten und
- der Erzeugung regenerativer Energien

dar. D. h. letztlich müssen sich die Produktionsweisen und Lebensgewohnheiten der
Industriegesellschaft gravierend ändern. Je frühzeitiger der Prozess durchdacht und sein
Aufbau organisiert wird, umso geringer werden die volkswirtschaftlichen Kosten der
Umstrukturierung ausfallen.

Energiegewinnung, Konvertierung und Speicherung

2

Die Erzeugung regenerativer Elektroenergien aus Wind- oder Solarparks stellt zunächst keine **Grundlast** fähige Energieversorgung dar. Erst durch die Schaffung von Speichersystemen gelingt es, eine von der Tageszeit und den Wetterbedingungen unabhängige Versorgung zu gewährleisten. Für die Energiespeicherung muss die primär erzeugte E-Energie in eine andere Energieform überführt werden. Einige, der nachfolgend aufgeführte Konvertierungen bieten sich für die Entwicklung des ländlichen Raumes an (Tab. 2.1, Spalte 2).

Aus akademischer Sicht dominiert in der Landwirtschaft natürliche die Konvertierung von elektromagnetischer Strahlung in Form des Sonnenlichtes zur Bildung von Pflanzenmasse. Diese Konvertierung bildet die Basis der Nahrungsmittelerzeugung, muss zukünftig verstärkt aber auch zur Produktion von Industriepflanzen genutzt werden (Tab. 2.1, Zeile 1). Die Brennstoffzelle in Verbund mit der Wasserstoffgewinnung durch eine Elektrolyse sowie die Rückverstromung in stationären oder mobilen E-Erzeugern stellen Konvertierungen von E-Energie in chemische Energie bzw. chemische Energie in E-Energie dar (Tab. 2.1, Zeile 3). In Hochgebirgstälern, wie z. B. in den Alpenregionen oder in Norwegen bietet sich zur Energiekonvertierung vorteilhaft die Überführung der E-Energie in mechanische Energie an. Für Flachlandgebiete eignet wegen des zu hohen Flächenverbrauches Wasserspeicherung nicht.

Dennoch ist auch für die Bundesrepublik Deutschland die Konvertierung von Elektroenergie in mechanische Energie sowie die Zeit versetzte Rückverstromung in Zukunft für die Windparks in der Nordsee von enormer Wichtigkeit. Das länderübergreifende Projekt Nordlink verbindet die Winderzeugungsanlagen in der Nordsee mit den Pumpspeicherwerken in Norwegen und ist seit dem 19.12.2020 betriebsbereit. E-Energie für ca. 3,6 Mio. Haushalte kann mit dieser Leitung Grundlast fähig ausgetauscht und

B. Adler et al., *Energie- und Produktionswende im ländlichen Raum*,
https://doi.org/10.1007/978-3-658-33444-4_2

bereit gestellt werden. Ob zukünftig die mechanische Energiekonvertierung mittels Schwungradspeichern eine Verbreitung finden wird, kann erst nach Produktionsaufnahme von serienreifen Speichern und deren Kosten abgeschätzt werden (Tab. 2.1, Zeile 6). In Regionen hoher Sonneneinstrahlung, wie z. B. in Nordchile oder in den nordafrikanischen Staaten würde sich außerdem die Konvertierung der Sonnenenergie in Wärme zum Betrieb von Wärmekraftanlagen, also die Solarthermie, anbieten (Tab. 2.1, Zeile 6). Sie ist jedoch nur in Breitengraden <30° großtechnisch vorteilhaft zu betreiben, in Deutschland lediglich auf Hausdächern zur Warmwasserherstellung oder zum Wärmepumpenbetrieb ökonomisch einsetzbar.

Die Konvertierungen von Elektroenergie in eine andere Energieform klassifiziert man unter dem Begriff **PtX**-Systeme (Tab. 2.2, Spalte 1). Der Buchstabe X kennzeichnet die Energieform, die aus der E-Energie durch Konvertierung entsteht. So steht der

Tab. 2.1 Natürliche und technische Energiekonvertierungen

Primärenergie	Konvertierung	Sekundärenergie
[1] Elektromagnetische Strahlung	Photosynthese $\longrightarrow$	Pflanzenwachstum
[2] Fossile Brennstoffe	Verbrennung $\longrightarrow$	Elektro- oder Transportenergie
[3] Elektroenergie	Elektrolyse $\leftrightarrows$ Rückverstromung	Chemische Energie zur Stromspeicherung bzw. Rückgewinnung jeweils mittels BSZ
[4] Elektromagnetische Strahlung	Photovoltaik $\leftrightarrows$ Lumineszenz	Elektroenergie Künstliches Licht
[5] Elektroenergie	Motor $\leftrightarrows$ Generator	Mechanische Energie (Pumpspeicherwerken oder Schwungradspeichern)
[6] Elektromagnetische Strahlung	Solarthermie $\longrightarrow$	Wärme und sekundär E-Energie
[7] Mechanische Energie	(Wind)Generator $\longrightarrow$	Elektroenergie

Tab. 2.2 Konvertierungsstrategien für regenerative Elektroenergie

PtX-System X = C, F, G, H) [1]	Herstellung von [2]	Verwendung [3]	Abschnitt [4]
[1] G Gas	H_2, CH_4, CO	Rückverstromung, Wärmegewinnung	2.2
[2] F Fuel	CH_3OH und Folgeprodukte	Synthetische Kraftstoffe	4.2, Kap. 7
[3] C Chemical	Hydrierwasserstoff für Kohlenwasserstoffe und native Öle	Grüner Wasserstoff	Kap. 2 und 3, Abschn. 4.1
[4] C Chemical	Extraktionswasserstoff	Recycling von SE-Metallen	7.1
[5] H Heat	Wärmeerzeugung	Wärmepumpenbetrieb	2.6

Buchstabe G für Gaserzeugung, F für die Konvertierung zu synthetischen Kraftstoffen, C für chemische Zwischenprodukte und H für die Wärmeerzeugung. Im Abschn. 2.4 werden die speziell für den ländlichen Raum interessanten Technologien abgehandelt. Eine detaillierte Darstellung der technischen Verfahren ist im Buch Moderne Energiesysteme [4] gegeben.

2.1   Flächenverfügbarkeit im ländlichen Raum

Welche Bedeutung fällt bei der Gewinnung regenerativer Energien dem ländlichen Raum zu und was versteht man eigentlich unter einem ländlichen Raum? Im Weiteren wird unter dem Begriff des ländlichen Raumes der gesamte Wirtschaftsraum betrachtet, der nicht zu großstädtischen Ballungs- oder Industriezentren gehört und nicht zuletzt durch die landwirtschaftliche Nutzung der Fläche geprägt ist. Ihm kommt bei der Energiewende zukünftig eine besondere Bedeutung zu, weil bestimmte Energieerzeugungen, wie z. B. der Betrieb horizontaler Windräder oder Biogasablagen in Ballungsräumen einfach nicht installierbar sind. Vor allem der Anbau von Nahrungs- und Industriepflanzen, kann nur im ländlichen Raum stattfinden. Allein die nutzbare Fläche des ländlichen Raumes ist um ein Vielfaches größer als die Flächen der Küstengewässer von Nord- und Ostsee (Tab. 2.3, Spalten 2 bzw. 3). Allerdings ist die Effizienz der auf den Randmeeren erzeugten E-Energie ohne Zweifel wesentlich größer als jene auf Landflächen erzeugte. Der Wind weht auf den Meeren stets ungebremst kräftiger und öfter als an Land.

Tab. 2.3 Verteilung der Landflächen in Deutschland

Typ 1	In km² 2	In % [6] 3	Nutzung 4
1 Landwirtschaftliche Nutzfläche	181.651	50,8	Wind, PV, Biogas Pflanzenanbau
2 Wälder	106.559	29,8	Wind, PV Pflanzenanbau
3 Gehölze		1,1	Keine
4 Siedlungen und Verkehr	51.134	14,3	PV
5 Gewässer		2,3	PV (im Versuchsstadium)
6 Unland, Abbauland		1,6	Denkbar
7 Zum Vergleich Mecklenburger Bucht	3.500		

2.2   Landgestützte Energieanlagen

2.2.1   Akzeptanz von Windrädern

Die Energiewende erfordert die Errichtung neuer Bauwerke zur Erzeugung und Weiter-
leitung von Elektroenergie, also von Windrädern oder Masten für Stromtrassen. Doch
diese Bauwerke stoßen bei den unmittelbar betroffenen Anwohnern mitunter auf recht
negative Resonanz. Hauptargument der Betroffenen ist das Verspüren von körper-
lichem Unwohlsein bis hin zu Krankheitssymptomen. Die negative gesundheitliche
Wirkung entsteht aus einer gedachten Einflussgröße, auf den menschlichen Körper,
ohne dass ein naturwissenschaftlich begründeter Zusammenhang zwischen Einfluss
und Wirkung überhaupt besteht. Es handelt sich um einen sogenannten **Nocebo**-Effekt.
Allein beim bloßen Anblick eines großen Strommastes verspüren Betroffene bereits
mitunter Schmerzen, obwohl kein Strom in der Anlage fließt, also keine Abstrahlung
elektromagnetischer Wellen erfolgt. Ob überhaupt eine negative Beeinflussung von
schwachen elektromagnetischen Feldern auf den menschlichen Organismus besteht,
konnte bisher wissenschaftlich nicht nachgewiesen werden [7]. Am ehesten müssten
krankhafte Veränderungen bei gehäuften Handy-Telefonierern auftreten, sind aber auch
bei diesen Personen bisher unbekannt. Bekommt umgekehrt ein scheinbar durch elektromagnetische Felder geschädigter Mensch als Patient bei Arthrose vom Arzt eine Kurz-
wellenbestrahlung verordnet, lösen nun die wirklich abgestrahlten elektromagnetischen
Wellen hoher Intensität durch die konvertierte Wärme Wohlempfinden bei ihm aus. Sein
Arthroseschmerz wird gelindert. Der Patient zeigt also keinesfalls gegenüber elektromagnetischer Strahlung krankhafte Veränderungen. Die Nocebo-Erscheinung ist insofern gesellschaftsrelevant, da sie derzeit gehäuft auftritt. Letztlich muss man in vielen
Fällen gesteigerten, krankhaften Egoismus Einzelner oder von Gruppen für Nocebo-
Erscheinungen verantwortlich machen. Die Betroffenen wollen technische Neuheiten
nicht in ihrer Nachbarschaft dulden und steigern sich bis zu krankhafter Ablehnung. 400
abgeschlossene und weitere 400 anhängige Gerichtsverfahren, ausgelöst von Bürgerinitiativen, verhindern seit 2018 den zügigen Ausbau der Onshore-Windenergie und
verzögern den Wandel von fossiler zu regenerativer Energiegewinnung erheblich. Die
Gesellschaft hat bisher keine Antwort auf diesen krankhaften Egoismus gefunden.

Große Flächen sowohl an der Küste als auch auf dem Land sind durch Deklaration
von Naturschutzgebieten a priori von einer energetischen Nutzung ausgeschlossen.
Einen Freiraum für Natur belassene Habitate für Flora und Fauna von industriellen
Nutzungen auszunehmen, kann man als eine notwendige Daseinsfürsorge ansehen.
Dass im Freistaat Bayern aber 99 %, also fast das gesamte Staatsgebiet für Windparks
nicht genutzt werden darf, scheint allerdings fragwürdig. So soll der Ausbau der Windenergie in Bayern bis zum Jahre 2025 nur auf 5 bis 6 % der Bruttostromerzeugung
anwachsen [8] und stagniert weiter auf relativ niedrigem Niveau. Auch das von Natur-
schützern wiederholt geäußerte Argument, Greifvögel könnten mit den Rotorblättern der

Horizontalwindräder kollidieren, kann in Zukunft durch Installation eines sogenannten Vogelschutzradars entkräftet werden. Kommt ein Greifvogel in die Nähe eines Windrades, so erfolgt bereits aus 200 m Entfernung durch den reflektierten Radarstrahl gesteuert die Abschaltung des Rotors.

2.2.2 Weitere Technologien zur Erzeugung von E-Energie

Vertikale Windräder, **Panemone** genannt, wären zwar an beliebigen Orten aufstellbar, also auch auf Flachdächern großer Häuser in den Großstädten. Sie besitzen mit Ihren Leistungen von <10 kW aber kaum eine Bedeutung in der Bilanz der Energieversorgung [9]. Deshalb kommt für den Ausbau von Windparks in den nächsten Jahren zur Kapazitätserhöhung nur eine Modernisierung, d. h. die Substitution von Horizontalwindrädern mit geringer Leistung durch leistungsstärkere in Betracht. Eine Leistungssteigerung von Windgeneratoren von derzeit 3 bis 4 MW auf bis zu 12 MW ließe sich z. B. durch den Einsatz von **PMG**-Magneten anstelle der bisher üblichen Elektromagneten erreichen (Abb. 2.1). Durch die Luftschlitzlagerung arbeiten diese Windräder ohne Getriebe. Die Permanentmagneten aus SE-Metallen entwickeln ein derart starkes, permanentes Magnetfeld, dass die tonnenschwere Last des Rotors und der Flügel in Schwebe

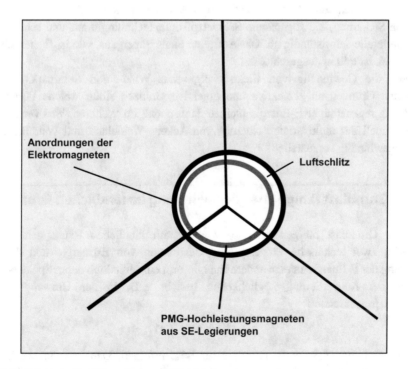

Abb. 2.1 Prinzip Luftschlitz gelagerter Windräder

gehalten werden kann. Er kann Luftschlitz gelagert, getriebelos rotieren. Dadurch sind die Generatoren leichter und können für höhere Leistungen ausgelegt werden. Der Bau von Windkraftanlagen mit PMG-Generatoren verlangt allerdings die Verfügbarkeit der SE-Metalle Neodym, Praseodym und Dysprosium. Das Erz für die Gewinnung der SE-Metalle wäre in Mitteldeutschland zwischen Bitterfeld und Delitzsch sogar verfügbar.

Neu ist der Gedanke, die Wasserflächen von Bagger- oder Braunkohletagebauseen mittels schwimmender **PV-Anlagen** zur Gewinnung von E-Energie zu nutzen. Solche Anlagen bieten gegenüber landgestützten Energiegewinnungsanlagen einige Vorteile. Sie verbrauchen keine Ackerflächen und konkurrieren nicht mit der Nahrungsmittelerzeugung. Die Module werden durch die Wasserfläche gekühlt und erreichen dadurch einen höheren Wirkungsgrad in der Stromausbeute. Eine Abschattung durch benachbarte Gebäudeteile gibt es nicht. Eine erste Versuchsanlage arbeitet auf einem Baggersee am Niederrhein und erzeugt 46 kW [16–19]. Im Landkreis Mansfeld-Südharz will der Energiedienstleister Getec auf dem Tagebausee der Fa. Romonta eine weitere Anlage errichten.

Es ist bei dem derzeitig recht schleppend vorangehenden Aufbau der regenerativen Energiesysteme zu befürchten, dass nach 2038 ein erheblicher Mangel an E-Energie besteht. Eine Zwischenlösung den Energiebedarf zu sichern, die in allen Industriestaaten außer der Bundesrepublik Deutschland auch favorisiert wird, besteht im Aufbau der Kerntechnik 4.0, den sogenannten **Dual Fluid Reaktoren.** Hierbei handelt es sich um kleine, mobile Reaktoreinheiten von etwa 20 MW Leistung. Sie zeichnen sich durch eine spezielle Sicherung, die sogenannte Schmelzpropfentechnologie aus und schalten sich im Havariefalle selbstständig ab. Das Auftreten eines Supergaus, wie in Tschernobyl im Jahre 1986, ist mithin ausgeschlossen.

Wenn die Gewinnung von Elektroenergie aus Wind- und Solarparks aus den genannten Gründen an subjektive und objektive Grenzen stößt, welche Formen der Erzeugung regenerativer E-Energie bleiben dann noch? Im Weiteren wird versucht, ein neues Modell der multivariaten Nutzung von Acker-, Weideland und Waldflächen zur Energiegewinnung vorzustellen.

2.3   Grundlast fähige Energiegewinnung im ländlichen Raum

Zu einer Grundlast fähigen Energiegewinnung im ländlichen Raum gehören also zukünftig zwei technische Prozesse: die Gewinnung von E-Energie und die Konvertierung der E-Energie in eine andere Energieform einschließlich deren Speicherung.

Eine der Konvertierungsmöglichkeiten besteht z. B. in der Umwandlung von E-Energie in Wasserstoff:

$$2H_2O \rightleftarrows 2H_2 + O_2 \tag{2.1}$$

Die Konvertierung kann z. B. mittels einer **BSZ** erfolgen. Den gewonnenen Wasserstoff bezeichnet man **dann** als grünen **Wasserstoff** (Abb. 2.2, Schritt 1 und 2). Der

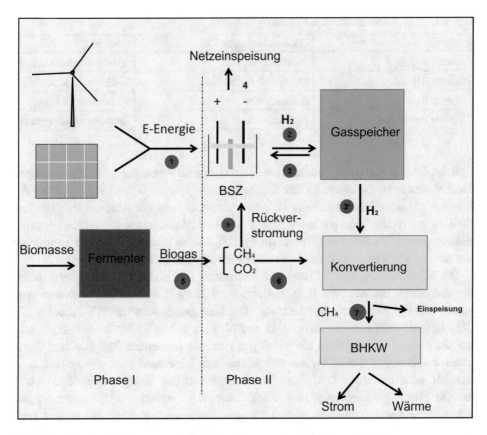

Abb. 2.2 Grundlast fähige, regenerative Energieerzeugung BSZ Brennstoffzelle

Prozess stellt chemisch eine Elektrolyse dar, bei der aus Wasser die beiden Gase Wasserstoff und Sauerstoff gemäß Gl. 2.1 gebildet werden. Der quantitative Zusammenhang zwischen der erzeugten Wasserstoffmenge und den eingesetzten kWh ergibt sich aus den **Faradayschen Gesetzen.** Für 1 Nm^3 H_2 benötigt man ca. 4,4 bis 4,7 kWh an Elektroenergie. Der Prozess gemäß Gl. 2.1 kann in reversibel arbeitenden Brennstoffzellen auch zur Rückverstromung genutzt werden (Schritt 3). Man bezeichnet reversibel arbeitende Brennstoffzellen auch als **RFC** bzw. **URFC** Brennstoffzellen. Brennstoffzellen können sowohl mit H_2, wie in Gl. 2.1 dargestellt, als auch mit den Folgeprodukten der Wasserstoffherstellung, dem CH_3OH oder dem CH_4 als Brennstoff betrieben werden. Das Equipment für diesen Konvertierungsprozess bieten verschiedene Hersteller standardmäßig an. U. a. hat die Fa. Sunfire auf der Basis der Feststoffoxid-Brennstoffzellen ein Technologiepaket von **PtG**-Konvertierungen im Angebot.

$$CH_3OH + 3/2O_2 \xrightarrow{\text{BSZ}} CO_2 + 2\,H_2O + E \qquad (2.1.1)$$

$$CH_4 + 2O_2 \xrightarrow{\text{BSZ}} CO_2 + 2H_2O + E \qquad (2.1.2)$$

mit: BSZ Brennstoffzelle.

Tab. 2.4 Sunfire Brennstoffzellen-Systeme

Projektname	PtX-Konvertierung	Erklärung
[1] Sunfire Hylink	PtG *Power-to-Gas*	Wasserdampfelektrolyse
[2] Sunfire Synlink	PtC *Power-to-Chemical*	Synthetische Kraftstoffe
[3] Sunfire Remote	Gas-to-Power	Verstromung von H_2
[4] Sunfire Power Plus	PtH *Power-to-Heat*	Kraft-Wärme-Kopplung

Beim System Sunfire Hylink handelt es sich um eine Wasserdampf-Hochtemperatur-Elektrolyse zur H_2-Gewinnung (Tab. 2.4, Zeile 1), beim System Sunfire Synlink um die Synthese flüssiger Kraftstoffe aus H_2 sowie dem CO_2 aus der Atmosphäre (Tab. 2.4, Zeile 2). Im System Sunfire Remote erfolgt die (Rück)Verstromung von H_2 zur Elektrizitätserzeugung (Tab. 2.4, Zeile 3) und im System Sunfire Power Plus die Konvertierung von Strom zu Wärme in Form einer Kraft-Wärme-Kopplung (Tab. 2.4, Zeile 4).

Die Konvertierung von E-Energie in Wasserstoff ist bei den Sunfire-Anlagen wählbar und beträgt bis 200 Nm³ H_2/h, das entspricht 18 kg H_2/h, bei einer Aufnahme von bis zu 720 kW an elektrischer Leistung. Die **Energieeffizienz** der PtX-Produkte H_2, CH_4, CH_3OH liegt derzeit zwischen 45 und 61 %, d. h. von 1 kWh an E-Energie wird nur ein prozentualer Anteil in die jeweiligen Produkte konvertiert. Der in einem Gasometer zwischengespeichert Wasserstoff könnte bei Windflaute bzw. Dunkelheit, d. h. letztlich auch bei einer Dunkelstromflaute rückverstromt werden (Abb. 2.2, Schritt 3). Ob allerdings langfristig eine Rückverstromung von H_2 in E-Energie mittels reversibler Brennstoffzellen in großen Mengen ökonomisch sinnvoll ist, scheint fraglich. Die Konvertierung stellt zwar technisch im Moment die am leichtesten realisierbare Variante dar. Betrachtet man jedoch die Energiekette zur Rückverstromung, so ergibt sich infolge der Wärmeverluste ein Gesamtwirkungsgrad von lediglich $\eta = 0{,}42$ (Abb. 2.3). Der größere Anteil an regenerativer Energie geht infolge der **Überspannung** des H_2 an den Elektroden als Wärmeverlust verloren. Nur wenn örtlich viel Prozesswärme benötigt wird, stellt die Rückverstromung von Wasserstoff zu E-Energie eine

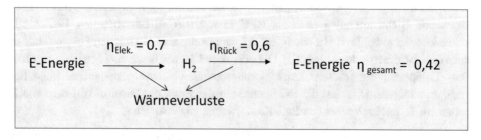

Abb. 2.3 Energieverluste bei Konvertierungen mit Brennstoffzellentechnik

ökonomisch sinnvolle Konvertierungsstrategie dar, eignet sich ansonsten bestenfalls für eine Notfallvorsorge bei kurzzeitigen Stromausfällen. Immerhin rät ein Projektkonsortium des Fraunhofer Institutes den Kommunen, sich mit der Technik von PtG-Anlagen zwecks Netzentlastung zu befassen [10, 11]. Ohne entropische Verluste verläuft dagegen eine Rückverstromung aus Methangas, da Methan an den Elektroden keine **Polarisation** erfährt. Das Methan kann aus dem Verbrennungsabprodukt CO_2 oder aus Biogas (Abb. 2.2, Schritt 3) durch Konvertierung nach Sabatier gemäß Gl. 2.2 gewonnen werden:

$$4H_2 + CO_2 \rightarrow CH_4 + 2H_2O. \qquad (2.2)$$

Betreibt z. B. eine Agrargenossenschaft eine Biogasanlage, so entstehen bei der Fermentation nicht nur das Brenngas CH_4, sondern immer auch zu fast 50 % CO_2. Verfügt man über Elektrolysewasserstoff, lässt sich der Zwangsanfall CO_2 durch Sabatier-Konvertierung zu Methan umwandeln. Das Methan kann als Energieträger entweder für die heiße Verbrennung in einem **BHKW** (Abb. 2.2, Schritt 7) oder zur Rückverstromung mittels kalter Verbrennung durch eine BSZ genutzt werden.

Doch wie ökologische ist grüner Wasserstoff eigentlich? Gewiss kann das dipollose H_2-Molekül nicht Klima aktiv wirken. Aber durch sein geringes Volumen und die sehr kleine Masse diffundiert H_2 durch fast alle Materiegitter und Stoffsysteme. Technische Erfahrungen mit dieser unangenehmen Eigenschaft machten zuerst die Erbauer der Ammoniaksynthese-Anlagen. Der Wasserstoff zur Hydrierung von Luftstickstoff diffundierte durch die Stahlreaktoren. Das Problem war damals nicht Umwelt relevant, weil die Anzahl solcher H_2-Applikationen sehr gering war. Das könnte sich jedoch ändern, wenn man weltweit für alle energetischen Prozesse Wasserstoff einsetzt. Denn dann erhöht sich der Verlustfaktor um das 10^9-fache. Wird das kleine H_2-Molekül in die Atmosphäre freigesetzt, steigt es von der Erdoberfläche in höhere Atmosphärenschichten auf. Wenn es dabei nicht zufällig mit einem Ozonmolekül kollidiert und zu Wasser oxidiert wird, treibt es in den Weltraum ab und ist für immer verloren. Das scheint im Einzelfall nicht Umwelt relevant zu sein. Langzeitlich und bei sehr vielen Verbrauchern betrachtet, muss über den Verlust nachgedacht werden. Die Erde verliert letztlich Wasser, denn der Elektrolytwasserstoff wird aus Wasser elektrolysiert. Erst durch oftmaliges und langanhaltendes Wiederholen entsteht aus einem scheinbar harmlosen Prozess ein Umweltproblem. Deshalb sollte vorsichtigerweise durch die Sabatier-Konvertierung der Wasserstoff in Methan umgesetzt und das gewonnene CH_4 als Energierohstoff technisch transportiert und genutzt werden.

2.4 Wasserstofftechnologie

Wasserstoff besitzt von allen Energieträgern die größte Energiedichte, d. h. pro Mengeneinheit den höchsten **Heizwert** (Tab. 2.5). Diese Eigenschaft kann man zur Lösung von Transportproblemen nutzen. So baut u. a. Japan ein umfangreiches Verteilungssystem

Tab. 2.5 Heizwerte von Energiestoffen [4]

Brennstoff [1]	Heizwert in MJ/kg [2]	Heizwert in kWh/kg [3]	Heizwert in kWh/m³ [4]
[1] Steinkohle	25–32,7	7–9	
[2] Rohbraunkohle	9,3–10	2,2–2,6	
[3] Holzpellets		4,8	
[4] Benzin ($\rho = 0{,}72 - 0{,}775$)	40,1–41,8	11,1–11,6	
[5] Diesel ($\rho = 0{,}82 - 0{,}845$)	42,6	11,8	
[6] Methanol	19,9	5,5	
[7] Wasserstoff	119,972	33	2,995
[6] Methan	50,073		9,968

für Wasserstoffapplikationen auf. Verbraucher auf den vielen verstreut liegenden Inseln werden mit H_2 beliefert und erzeugen individuell mittels Brennstoffzellen ihre Elektrizität und Wärme selbst. Gegenüber anderen denkbaren Versorgungsformen bietet sich für Japans Inselwelt deshalb eine Umstellung von den Verbrennungstechnologien auf die Wasserstofftechnologie als ökonomisch günstigste Energieversorgung an. Derzeit wird zwar noch grauer H_2 aus der Vergasung von Braunkohle oder aus dem **Reformingprozess** verteilt, zukünftig mit dem Aufbau großer Windparks jedoch zunehmend grüner Wasserstoff. Den grauen Wasserstoff importiert man aus Australien oder Malaysia. Der Transport erfolgt ein Mal per Schiff in Druckgasbehältern von der Ostküste Australiens, zum Anderen per Schiff in Form von Methylcyclohexan aus Malaysia. Für letztgenannte Transporte hydriert man in Malaysia Toluen mit Reforming-Wasserstoff zu Methylcyclohexan und am Anlandungsort in Japan erfolgt eine Dehydrierung zu Toluen unter Rückgewinnung des H_2:

$$CH_3-C_6H_5 + 5/2H_2 \underset{\text{Dehydrierung}}{\overset{\text{Hydrierung}}{\longleftrightarrow}} CH_3-C_6H_{10} \tag{2.3}$$

Der Transport von Methylcyclohexan per Schiff ist natürlich technisch ungleich sicherer als der von komprimiertem Wasserstoff. Die Transportsicherheit ließe sich noch dadurch verbessern, dass man zum Energietransport mit dem Metall Zink als Energieträger arbeitet. In Ländern hoher Sonneneinstrahlung, z. B. in den Gebieten von Nordafrika oder Australien, könnte thermisch Zinkoxid in metallisches Zink und Sauerstoff gespalten werden (Gl. 2.4). Das transportsichere Zink lässt sich in beliebigen innerstädtischen Häfen gefahrlos anlanden. Den benötigten Wasserstoff gewinnt man vor Ort dann durch Umsetzung von Zink mit Wasser (Gl. 2.5):

$$ZnO + Wärme \overset{\text{Solarthermie}}{\longrightarrow} Zn + {}^1\!/_2 O_2 \tag{2.4}$$

$$Zn + H_2O \xrightarrow{\text{H2-Erzeugung}} ZnO + H_2 \qquad (2.5)$$

Diese Zink-Transportlösung besitzt gegenüber dem Wasserstofftransport einen weiteren Vorteil. Aus den Trockengebieten Nordafrikas einen Teil des ohnehin nur beschränkt vorhandenen Wassers in Form von H_2 abzutransportieren, würde die dortige Bevölkerung sicherlich als einen Akt von Neokolonialismus empfinden. Bei der Zn-Transporttechnologie wird dagegen das Prozesswasser im Verbraucherland des Wasserstoffs genutzt.

Sichere Transport- und Handhabungstechnologien sind auch an Land notwendig. Dazu müssen in den nächsten Jahren Strukturen zur Ausbildung von Personal für die Montage, Wartung und Inspektion von Wasserstoffanlagen aufgebaut werden, eben eine Wasserstoffinfrastruktur. In der Chemieregion Mitteldeutschlands besteht mit dem vorhandenen Wasserstoffverbundnetz noch die ehemalige Verteilungsstruktur für H_2. Die Hauptstandorte der Erzeugung und Anwendung von Wasserstoff, die großen Chemiebetriebe, sind seit Jahrzehnten durch eine H_2-Gasleitung miteinander verbunden. Zukünftig möchte man den Wasserstoff in unterirdischen Kavernen speichern.

Solche Kavernenspeicher entstehen derzeit in der Nähe von Bad Lauchstädt, also in unmittelbarer Nähe der Großverbraucher **Buna** und **Leuna.** Entscheidend für das Gelingen des geplanten Projektes ist die Wasserstoffundurchlässigkeit der Deckschichten über den Salzkavernen. Die Kavernen sollen für die Chemische Industrie den Hydrierwasserstoff bereitstellen und damit den Anteil an grauen Wasserstoff aus dem Reformingprozess auf Erdölbasis reduzieren bzw. später völlig ersetzen. Allein im Chemiepark Leuna ist eine eigene H_2-Produktion auf Basis von 4 GW Windenergie in Planung (Tab. 2.6, Zeile 1). Im Bau befinden sich bereits zwei Versuchsanlagen zur Elektrolyse mit einer Gesamtleistung von 24 MW. Fertiggestellt ist dafür der Verflüssiger

Tab. 2.6 Verwendungsmöglichkeiten für Wasserstoff

Verfahren	Stoffe	Anwendungen	Produkte	Abschnitt
[1] Hydrierung	KW[a]	Raffinerien	Benzin, Diesel	
[2] Hydrierung	CO_2	Abfallverbrennung	CH_3OH	Kap. 5 und Abschn. 4.2
[3] Hydrierung	CO_2	Biogaserzeugung	CH_4	4.1
[4] Heißverbrennung	H_2	Verbrennungsmotor	PKW	
[5] Kaltverbrennung	H_2	Brennstoffzelle	Bahn, Bus	In [14]
[6] Kaltverbrennung	H_2	Minibrennstoffzellen	Batterieersatz	
[7] Kaltverbrennung	H_2	Brennstoffzelle	Kleinkraftwerke	
[8] Hydrierung	Pflanzenöle	Fetthärtung	Margarine	Kap. 4
[9] Hydrierung	SE[b]	Recycling	SE-Metalle	Kap. 7
[10] Abmischung	Erdgas	Brennwerterhöhung	Erdgasnetz	2.6

[a]KW Kohlenwasserstoffe
[b]SE Legierungen der Seltenen Erdmetalle

zur H_2-Speicherung bei der Fa. Linde am Leuna-Standort. Auch der Energiekonzern Uniper plant die Produktion von grünem Wasserstoff mit einer elektrischen Leistung von 1 GW. Der Windpark Zerbst in Sachsen Anhalt liegt dem Hydrierwerk in Rodleben benachbart. Dieser Windpark wird derzeit erweitert und auf die Energiekonvertierung zur H_2-Gewinnung umgestellt. Der Wasserstoff dient im Hydrierwerk zur Fetthärtung (Tab. 2.6, Zeile 8). Auch die Nähe von Abfallverbrennungsanlagen könnte zukünftig als potenzieller Abnehmer von Wasserstoff vorteilhaft sein. Kohlenstoff haltiger Restmüll fällt in den nächsten Jahrzehnten weiterhin an. Das bei seiner thermischen Entsorgung entstehende CO_2 ließe sich zu Methanol hydrieren und zu Oxymethylenethern, also synthetischen Dieselkraftstoff, weiter verarbeiten (Tab. 2.6, Zeile 2).

Wo liegen die derzeitigen Marktsegmente für den grünen Wasserstoff? Er kann natürlich überall dort eingesetzt werden, wo heute bereits grauer Wasserstoff genutzt wird. Denn chemisch sind die beiden H_2-Arten identisch, lediglich ihre Herstellungswege unterscheiden sich. Für chemische Anwendungen in Form der Hydrierungen kommen nur Chemische Großbetriebe infrage.

Sie liegen wohl eher nicht im ländlichen Raum. Mit dem Aufkommen Wasserstoff betriebener Personen- und Nutzfahrzeuge bestehen jedoch auch für den Wasserstoff aus Kleinanlagen gute Verwendungsmöglichkeiten (Tab. 2.6, Zeilen 4 und 5). Der Wasserstoff lässt sich schließlich ohne größere technische Investitionen mit Methan abmischen und in die bestehenden Erdgasnetze einspeisen. Der Heizwert des Brenngases wird damit erhöht (Tab. 2.6, Zeile 10). Schließlich muss man für Windparks mit einer Leistung ab 3 MW H_2-Elektrolysen zukünftig vorhalten. Der Gesetzgeber verlangt die überschüssige, d. h. abgeschriebene Windenergie in Wasserstoff als Energiereserve zu überführen. Die bisherige Praxis des einfachen Abschaltens einer regenerativen Energieanlage bei Energieüberschuss kann man sich mit dem geplanten Ausstieg aus der Kernenergie und Kohleverstromung technisch nicht mehr erlauben. Die steigenden Energiekosten wie bisher auf die Verbraucher abzuwälzen, ist von den Stromkunden bei steigenden Mengen an regenerativen Energien nicht mehr bezahlbar. Deshalb ist von der Bundesregierung der Aufbau von H_2-Elektrolysen bis zum Jahre 2030 von 5 GW Gesamtleistung festgelegt.

Bei der Elektrolyse von Wasser entsteht neben dem Wasserstoff auch Sauerstoff als zweites Reaktionsprodukt. Der Elektrolysesauerstoff wird bisher nicht genutzt, obwohl es genügend großtechnische Prozesse gibt, die Sauerstoff als Oxidationsmittel benötigen (Tab. 2.7, Zeilen 1 bis 3). Die Großverbraucher verwenden den billigeren Sauerstoff aus Linde-Luftzerlegungsanlagen. Bei der Luftzerlegung entstehen neben Sauerstoff u. a. auch die Inertgase Stickstoff und Argon. Sie werden als Spülgase für chemisch-technische Prozesse, zukünftig verstärkt für die

$$2SO_4^{2-} - 2e^- \longrightarrow S_2O_8^{2-} \tag{2.6}$$

$$(2HSO_4^- \rightleftharpoons 2H^+ + 2SO_4^{2-})$$

$$S_2O_8^{2-} + 2H_2O \longrightarrow 2HSO_4^- + H_2O_2. \tag{2.7}$$

Tab. 2.7 Verwendungsmöglichkeiten für Elektrolyse-Sauerstoff

Verwendungsgebiet 1	Stoffe 2	Anwendung 3	Produkt 4	Verweis 5
[1] Oxidation	Ethylen	Synthesechemie	EO. Tenside	
[2] Oxidation	C, Si, P	Metallurgie	Raffinierte Metalle (Fe, Cu)	
[3] Oxidation	SO_2, NO_x, C_2H_5OH	Synthesechemie	H_2SO_4, HNO_3, CH_3COOH	Kap. 4
[4] Oxidation	Xenobiotika	Abwasserreinigung	Abwasser	Kap. 5
[5] Elektrolyse	H_2SO_4	Synthesechemie	H_2O_2	Kap. 4
[6] Trenntechnik	Beton	Brennschneiden	Recyclinggut	
[7] Beatmungstechnik	O_2	Rettungsdienst	Atemgas	

Wasserstofftechnik, benötigt. Deshalb ist der Elektrolysesauerstoff für die Metallurgie oder Chemische Industrie derzeit noch uninteressant. Man könnte jedoch die Elektrolyse von Wasser so umgestalten, dass anstelle von O_2 anodisch Wasserstoffperoxid entsteht. H_2O_2 wird u. a. zur Synthese nativer Epoxide aus ungesättigten Pflanzenölen (Tab. 2.7. Zeile 5) verwendet. Das H_2O_2 lässt sich bei der Elektrolyse gewinnen, wenn der Anodenraum der Elektrolysezelle mit Schwefelsäure gefüllt ist. Dann entsteht primär bei der Elektrolyse Peroxydischwefelsäure. Sie kann nach Gl. 2.6 und 2.7 in einem zweiten Reaktionsschritt zu H_2O_2 und Schwefelsäure hydrolysiert werden.

2.5 Konvertierung von Elektroenergie in Wärme und Kälte

2.5.1 Betrieb von Wärmepumpen

Derzeit stellt man Wärme dominant über Verbrennungsprozesse unter Einsatz fossiler Energieträger her. Immerhin beträgt der Energieverbrauch zur Wärmegewinnung 30 % des fossilen Energieeinsatzes. Prinzipiell ließe sich Wärme aus elektrischer Energie über Widerstandsheizungen, auch als Ohmsches Heizen bezeichnet, gewinnen. Effizienter ist jedoch eine Wärmeerzeugung mittels Wärmepumpen.

Bei dieser Wärmeerzeugung wird nur etwa 1/3 der erforderlichen Energiemenge zum Betrieb des Verdichters als E-Energie benötigt; 2/3 der Energie kommen aus einem externen Reservoir (Abb. 2.4, Teil A). Dieses Reservoir wählt man entsprechend örtlicher Gegebenheiten aus. In Küsten nahen Gebieten und Inseln reicht zum Wärmeaustausch ein ständig wehender Luftstrom, d. h. es kommen sogenannte Luft-Wärme-Pumpen zum Einsatz. Sie besitzen elektrische Anschlussleistungen von 3,3 kW für Kleinverbraucher und bis zu 20 MW für Großabnehmer. Letztere

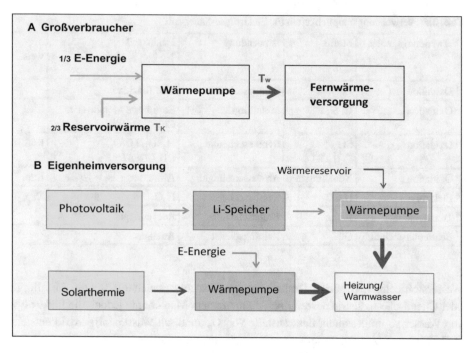

Abb. 2.4 Konvertierungen von Elektroenergie in Wärme $\longrightarrow$ Wärmestrom $\longrightarrow$ Elektroenergie

speichern den temporären Überschuss an elektrischen Strom aus PV- oder Windenergie in großvolumigen Warmwasserspeichern. Die Speicher erfüllen zwei Funktionen. Sie substituieren ein Mal den Einsatz fossiler Brennstoffe und reduzieren damit die CO_2-Emissionen und wirken zum Anderen als Puffer für überschüssige regenerative E-Energie. So konvertiert man z. B. in Dänemark den Energieüberschuss aus der Windenergie dominant in Wärmeenergie. Mehr als 450 MW Leistung sind bereits installiert und für die gleiche Menge sind derzeit Anlagen im Bau. Die erzeugte Wärme aus Wärmepumpen lässt sich in Warmwasserspeichern von 8000 bis zu 50.000 m³ Fassungsvermögen zwischenspeichern und über bestehende Fernwärmesysteme an städtische Verbraucher verteilen.

Entnimmt man die Wärme aus dem Boden, spricht man von Erdwärmepumpen. Vorteilhaft lassen sich Erdwärmepumpen in Gebieten ehemaliger Bergwerke betreiben, z. B. in den Schächten des Kupferschieferbergbaus in der Mansfelder Mulde. Man nutzt die Wärme aus dem Wasser der gefluteten Stollen. Das Wärmereservoir weist hier eine relativ konstant hohe Temperatur von 8 °C auf.

Prinzipiell lässt sich der obengenannte Wärmepumpenbetrieb auch für die Eigenheimheizung einsetzen. Für die Eigenheimversorgung existieren noch zwei weitere technologische Lösungen. Ein Mal kann man auf dem Hausdach eine **Solarthermie**-Anlage installieren und nutzt die dort erzeugte Wärme als Reservoire für die Wärmepumpe (Abb. 2.4, Teil B). Für Kleinverbraucher bietet sich zum Anderen eine weitere Varianten für die Wärmeversorgung an. Der Strom aus häuslichen PV-Anlagen lässt sich mit Li-Batterien, ein Set speichert ca. 5 kWh, zwischenspeichern und betreibt bei Bedarf damit die Wärmepumpe. Etwa 15 bis 20 kW Speicherkapazität reichen bei den derzeit milden Wintern für eine Wärmeversorgung eines Eigenheimes auch in den Wintermonaten aus.

2.5.2 Kälteerzeugung

Als Folge der Klimaerwärmung steigt die Nachfrage nach Raumkühlungen auch in den gemäßigten Breitengraden. Die Anzahl der Sommertage mit ≥ 30 °C haben in den letzten drei Jahren deutlich zugenommen. Zur Raumkühlung bieten sich zwei unterschiedliche Technologien für die Kälteerzeugung an: die Kompressionskälteanlagen, KKA-Technologie genannt, und die Absorptionskältemaschinen, auch als AKM-Technologie bezeichnet. Wird die Raumheizung bereits durch eine Wärmepumpe betrieben, kann man die Wärmepumpen-Technik investitionssparend auch zur Kälteerzeugung einsetzen, also die KKA-Technologie anwenden. Die AKM arbeiten jedoch energetisch effizienter als die KKA. Sie erzeugen mit geringerer E-Energie eine bessere Kälteausbeute [15]. Als Kältemittel für die AKM setzt man entweder ein Gemisch aus H_2O und NH_3 oder ein Gemisch aus H_2O und LiBr ein.

2.6 Energiespeicher und ihre Applikationen

Dass zur Erzeugung von E-Energie aus regenerativen Quellen bei Wegfall der Kohlekraftwerke zwangsläufig Formen der Energiespeicherung gehören müssen, ist Stand der Technik. Doch welche Speicher bieten sich speziell für den ländlichen Raum an? Pb- oder Li-Akkus, bestehend aus mehreren 5 kWh-Segmenten, stehen heute bei der Installation von stationären PV-Anlagen für Hausdächer bereits standardmäßig zur Verfügung. Aber auch die Li-Speicher von E-Automobilen könnten die Funktion von intelligenten Energiespeichern übernehmen, indem private Ladestationen nur bei Stromüberschuss den Ladevorgang ausführen. Die Transportkosten liegen bei Autos mit E-Antrieb günstiger als bei Benzinern (Tab. 2.8, Spalte 4).

Die Einspeicherung von H_2 in SE-Metall gefüllte Kartuschen gestattet ein sicheres Hantieren mit H_2 auch für Kleinverbraucher (Tab. 2.9, Zeile 2). Die Herstellung von Methangas bietet ein Mal die Möglichkeit, die Infrastruktur des bestehenden Erdgasnetzes zu nutzen. Zum Anderen kann man den autarken Betrieb von GuD-Kraftwerken bei zeitweiligem Strommangel infolge Dunkelstromflaute aufrecht erhalten (Tab. 2.9, Zeile 3). Welche der beiden technischen Varianten zum Einsatz kommt, entscheiden die Herstellungskosten und Standortfaktoren. Auch Methanol lässt sich verhältnismäßig einfach als Energiereserve speichern und in BSZ kalt zu E-Energie zurückkonvertieren

Tab. 2.8 Energiekostenvergleich Benziner und E-Motor

Antrieb [1]	Verbrauch pro 100 km [2]	Energiekosten [3]	Kosten in € pro 100 km [4]	Bemerkung [5]
Benziner	6,50 l	1,25 €/l	**8,125**	Preis 11/2020Agip Merseburg
E-Motor	20 kWh	0,25 €/kWh	**5**	

Tab. 2.9 Energiespeicher und Applikationen

Produkt	Speicherung	Verwendung	Anwendung	Beispiel
[1] Akku	Galvanisch	Stromversorgung	GV KV	Rechenzentren, Individualverkehr
[2] H_2	UGS, Gasometer SE-Feststoff-speicher	Hydrierung, Transportenergie	GV GV, KV KV	{ Chemische Industrie GuD−Kraftwerke { Bahn, Individualverkehr
[3] CH_4	Gasometer, Erdgasnetz	Rückverstromung	GV KV mit BSZ	GuD-Kraftwerke
[4] CH_3OH	Chemisch	Rückverstromung	KV mit BSZ	Notstromaggregate
[5] synthetischer Diesel	Chemisch	Transportenergie Stromversorgung	KV KV	Individualverkehr Notstromaggregate
[6] Biodiesel	Chemisch	Transportenergie	KV	Geschäfts- und Individualverkehr
[7] Pumpspeicher-werke	Mechanisch	Rückverstromung	GV	Goldisthal 1060 MW und 8489 MWh/a
[8] Schwungrad-Speicher	Mechanisch	Rückverstromung	KV	Straßenbahn Zwickau 200 MWh/a
[9] Wärmespeicher	Thermisch	Wärmeerzeugung	GV KV	Warmwasser-speicher Latentwärme-speicher

UGS Untergrundspeicher, KV Kleinverbraucher, GV Großverbraucher, BSZ Brennstoffzelle

(Tab. 2.9, Zeile 4). Darüber hinaus dient Methanol als Rohstoff zur Herstellung von synthetischem Dieselkraftstoff (Tab. 2.9, Zeile 5). Dieser Kraftstoff bietet mehrere öko-logische Vorteile und wird in Abschn. 5.2 detailliert abgehandelt. Biodiesel (Tab. 2.9, Zeile 6) stellt derzeit zwar einen ökologischen Kraftstoff dar, den sich die Land-wirte in Biodieselkleinanlagen sogar problemlos selbst herstellen können. Dennoch dürften die Anbauflächen zum Rapsanbau zukünftig wohl kaum noch vorhanden sein. Pumpspeicherwerke stellen mechanische arbeitende Speicher dar. Es wurde bereits in

Abschn. 3.1 darauf verwiesen, dass der Ausbau von Pumpspeicherwerken für Deutschland wenig Bedeutung besitzt. Insgesamt existieren 32 kleinere Werke mit einer Gesamtleistung von 7 GW und einer Kapazität von 40 GWh. Das größte dieser Werke befindet sich in Goldisthal in Thüringen und besitzt eine installierte Leistung von 1,06 GW (Tab. 2.9, Zeile 7), das modernste in Gaildorf am Kocher und ist eine Kombination von Windrädern und künstlichen Wasserspeichern. Insgesamt können alle Pumpspeicherwerke jedoch das Land nur mehrere Stunden mit Strom versorgen, aber nicht eine tagelange Dunkelstromflaute überbrücken. Für Kleinverbraucher im ländlichen Raum käme ferner eine Energiespeicherung mit Schwungradspeichern in Betracht. Technisch wird dieses Verfahren u. a. bei der Straßenbahn in Zwickau bereits genutzt. Man konvertiert einen Teil der Bremsenergie in mechanische, die zeitversetzt durch die Schwungräder wieder verstromt wird (Tab. 2.9, Zeile 8). Von den Wärmespeichern sind die Warmwasserreservoire typisch für die Wärmeversorgung der Ballungsgebiete, weil dort bereits die Infrastruktur von Fernheizungen besteht. Latentwärmespeicher [19] werden zur individuellen Wärmeversorgung genutzt, sind aber leider nicht sehr verbreitet. Alle mit KV gekennzeichneten Applikationen in Tab. 2.9 sind im ländlichen Raum anwendbar.

2.7 Die Entwicklung des ländlichen Raumes

2.7.1 Neue Formen der Energieernte

Derzeit zeichnet sich eine Abwanderung der Bevölkerung aus dem ländlichen Raum in großstädtische Ballungsgebiete ab. Diese Migration ist mit einem wirtschaftlichen Niedergang der dörflichen Regionen geprägt. Eine vom **IWH** Halle erstellte Studie analysiert die Wanderungsbewegung und kommt zu dem Schluss, dass der ländliche Raum zukünftig nicht förderwürdig sei [12]. Der Denkansatz basiert auf einer noch vorherrschenden Energieversorgung durch zentrale Großkraftwerke zur Verstromung von Kohle bzw. durch Kernenergie. Doch eine solche Stromerzeugung soll ja bis zum Jahre 2038 nicht mehr existieren. Zukünftig kommt es mit dem Einsatz regenerativer Energiequellen zu einer dezentralen Erzeugung von Elektroenergie durch viele verstreute Kleinkraftwerke. Den regenerativen Strom könnte man technisch zwar bündeln und hochtransformiert an die Ballungsgebiete weiterleiten. Diese technische Lösung favorisieren die südlichen Bundesländer, um ihre Industriestandorte mit Windenergie aus den nördlichen Gebieten auch zukünftig versorgen zu können. Man möchte den Stromüberschuss aus den Küstenregionen zu den Verarbeitungsstandorten im Süden transportieren. Die Investitionskosten für die Vielzahl der dazu notwendigen technischen Anlagen sind volkswirtschaftlich unakzeptabel hoch und müssen vom Steuerzahler letztlich finanziert werden. Dazu kommen die **Übertragungsverluste** bei der Stromleitung. Deshalb bieten sich langfristig dezentrale Energieerzeuger auch für die Ansiedlung von Energieverbrauchern an und machen den ländlichen Raum durch sein Energiepotenzial attraktiv. Gerade dem ländlichen Raum kommt in Zukunft eine besondere Rolle bei der Energiegewinnung zu. Sie besteht aus einer prinzipiellen Flächenverfügbarkeit zur Energieerzeugung bei einer Parallelnutzung der Ackerflächen bzw. des Weidelandes für die Erzeugung landwirtschaftlicher Produkte (Tab. 2.8). Mitunter resultieren aus der gemeinsamen Nutzung sogar Synergien. Durch **bifaciale PV-Elemente** abgeschattete Ackerflächen (Abb. 2.5) verdunsten weniger Feuchtigkeit, ein Vorteil, der bei steigenden Jahresdurchschnittstemperaturen höhere Ernteerträge durch bessere Wasserverfügbarkeit ermöglicht (Tab. 2.8, Zeile 3). Darüber hinaus besitzt der ländliche Raum Möglichkeiten zur Gewinnung von regenerativen Energien, die in Ballungsgebieten prinzipiell nicht gegeben sind. So lassen sich Horizontalwindräder oder größere Biomassekraftanlagen nicht in Stadtgebieten betreiben. PV-Anlagen mit nachgeführten Paneelen sind zwar überall installierbar. Aber auf Wiesen und Weiden aufgestellt, stehen 90 % der Fläche bei gleichzeitiger Energieerzeugung auch zur ökologischen Tierhaltung zur Verfügung (Tab. 2.8, Zeile 4; Tab. 2.10 und 2.11).

Abb. 2.5　Solarstromgewinnung auf Ackerflächen A bifaziale, B schwenkbare Paneele

Tab. 2.10 Gewinnung regenerativer Energien auf landwirtschaftlichen Flächen

Energie 1	Ort 2	landwirtschaftliche Produkte 3
[1] Windenergie	Ackerfläche	Feldfrüchte
[2] Biomasse (Grünpflanzen,Gülle)	Ackerfläche	Entsorgung von Bioabfällen
[3] Statische PV-Anlage S2	Ackerfläche Stadtgebiet	Feldfrüchte unter bifacialen PV Dachflächen für E-Mobilität
[4] Nachgeführte Solarpanels S1[a]	Weidefläche	Ökologische Tierhaltung
[5] Semitransparente Gewächshäuser S3	Ackerfläche	Ganzjähriger Gemüseanbau unter Glas

[a]S1, S2, S3 Solaranlagentyp

Tab. 2.11 Übersicht regenerative Energieerzeugung und Verwendung

Energie	CO_2-Erzeugung	Verwendungsart	Erläuterung
[1] Wind	Gering[a]	Gewinnung von E-Energie	Für BSZ
[2] Solar Bifacial, nachgeführt	Gering[a]	Gewinnung von E-Energie	Für BSZ
[3] Biogas	Ca. 50 %	Eigenverbrauch	Für BHKW
[4] Biogas	Keine	CH_4-Synthese nach Sabatier-Konvertierung	Für Einspeisung In Erdgasnetz
[5] Biodiesel	Neutral	Eigenverbrauch	Transportenergie
[6] Solarthermie	Gering[a]	Eigenverbrauch	Mit Wärmepumpe gekoppelt

[a]Nur bei Bau und Demontage der Anlage

Die Ernteverluste angeschatteter Ackerflächen betragen für Feldfrüchte maximal 20 %. Diese Verluste werden durch die parallele Stromgewinnung aber mehr als kompensiert, denn man erreicht insgesamt eine Flächeneffizienz von >180 % [13]. Den genannten Applikationen einer kombinierten Nutzung von Ackerbau und Energiewirtschaft steht heute zwar noch ein antiquiertes Baurecht entgegen, nicht aber dem Gewächshausbau mit paralleler Stromgewinnung. Zur Einhausung der Kulturen dienen dabei nicht die üblichen Glasscheiben, sondern **semitransparente** PV-Paneele (Abb. 2.6). Mit ihnen werden die Wärmeanteile mit den Wellenlängen $\lambda > 800$ nm bzw. die Ultraviolett-Anteile mit den Wellenlängen $\lambda < 300$ nm des **elektromagnetischen Spektrums** vom Sonnenlicht in Elektroenergie konvertiert. Den sichtbaren Anteil, die Wellenlängen $300 < \lambda < 800$ nm benötigen die Pflanzen zum Wachstum. Die PV-Paneele sind also durchlässig für sichtbares Licht, dabei leicht gelblichbraun getönt. Die Intensität der Tönung kann im Herstellungsprozess der Paneele eingestellt werden. Bei 5 %

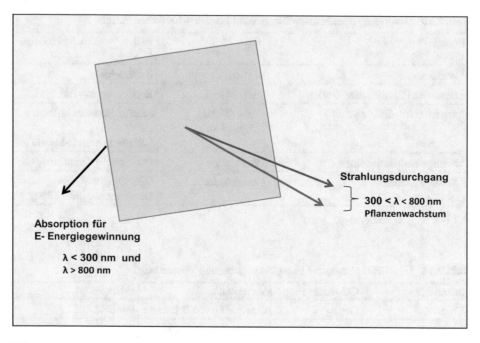

Abb. 2.6 Prinzip eines semitransparenten Photovoltaikelementes λ Lichtwellenlänge

Transparenz lassen sich etwa 150 W/m² an Elektroenergie gewinnen, bei einer um das 10-fache höheren Transparenz immerhin noch 80 W/m². Mit diesen semitransparenten Paneelen entfällt für große Gewächshauskomplexe jene Technik, die die Pflanzen für Hitzestau schützen müssen, denn die Wärmestrahlung des Sonnenlichtes wird ja in E-Energie konvertiert.

2.7.2   Die Attraktivität des ländlichen Raumes

Bildet man Agrar-Energie-Gesellschaften für die Finanzierung ländlicher Energieversorgungsanlagen, ähnlich jenen ehemaliger Rübenzuckergesellschaften, die vor 150 Jahren den Bau der Zuckerfabriken selbst finanzierten, lassen sich die Investitionskosten für die Energieerzeugung und -konvertierung auch von bäuerlichen Betrieben aufbringen. Rechnet man für ein Windrad mit einer Leistung von ca.1 MW einschließlich einer H_2-Elektrolyse 1 Mio. € an Investitionskosten, entfallen bei 100 Kapitalanlegern auf einen einzelnen Betrieb 10 T €. Die Erlöse aus der Energiegewinnung gehen dann aber auch allein an bäuerliche Investoren, bleiben letztlich im ländlichen Raum und machen ihn attraktiver. Doch das Modell funktioniert nur, wenn Nahrungsmittel- und Energieproduzenten eine gesellschaftliche Einheit bilden. Generiert man die Steuereinnahmen aus der Energiegewinnung, besteht für die Dorfgemeinschaft die Möglichkeit,

Sozialeinrichtungen zu finanzieren, wie modellhaft mit dem Bürgerwindpark im Dorf Schlalach im Bundesland Brandenburg demonstriert wird. Die Abwanderung der Jugend in die Ballungsgebiete kann gestoppt werden, denn die Arbeitsplätze zum Betreib und Wartung der Energieanlagen befinden sich im Dorf. Damit verbunden bleiben Dorfkrug, Bäckerei und Dorfladen als kulturelle Mittelpunkte einer ländlichen Gemeinschaft erhalten oder werden wiederbelebt. Im Aufbau von Agrar-Energie-Komplexen besteht also letztlich ein Gesellschaftsmodell, das sowohl einen Beitrag zur Energiewende in vertretbaren Zeitfenstern realisieren kann, als auch dem ländlichen Raum und speziell den Landwirten sichere Einkünfte dauerhaft generiert. Eine gesellschaftliche Zielstellung der politischen Parteien und Organisationen sollte deshalb in der Organisation solcher Energie-Agrar-Gemeinschaften bestehen. Bürgerinitiativen, die derzeit mit großem Arrangement den Bau von Windparks blockieren, könnten sich für die Organisation dieser Gemeinschaften und damit um die Entwicklung ihrer eigenen Heimat arrangieren.

2.8   Das Produktangebot des Energetischen Hofladens

Sicherlich können Landwirte durch den Aufbau von Energiegewinnungsanlagen ihre einseitig auf Pflanzen- und Tierproduktion ausgerichtete Existenzbasis breiter aufstellen. Ähnlich wie sie durch den Betrieb von Hofläden ihre Milch in Form von Veredlungsprodukten anbieten, müssten sie die erzeugte Energie selbst vermarkten. Doch wie muss ein energetischer Hofladen organisiert werden, um nicht von der derzeitigen Abhängigkeit bei der Nahrungsmittelproduktion in eine neue Abhängigkeit der Netzbetreiber zur geraten? Allein durch die Einspeisung in bestehende Stromnetze geht den Energieerzeugern durch Umlagen und Einspeisungskosten ein Teil des Erlöses sofort verloren. Letztlich werden immer die Energievermarkter den Preis für die erzeugte Energie diktieren. Deshalb scheint es sinnvoll, die erzeugte E-Energie am Ort der Erzeugung zu nutzen, d. h. in einem energetischen Hofladen selbst zu vermarkten. Was hat also ein energetischer Hofladen im Angebot und wer sind seine potenziellen Kunden? Ein Hofladen sollte eine Zapfsäule zum Betanken von Fahrzeugen mit Wasserstoff, bevorzugt von jenen, die lange Strecken oder große Nutzlasten befördern müssen (Abb. 2.7, ZS-H genannt) besitzen. Im kommunalen Bereich gehören hierzu die Busse und die Spezialfahrzeuge zur Abfallentsorgung. Aufgrund der Energiedichte vom Wasserstoff können diese Fahrzeuge lange Strecken ohne Zwischentanken bewältigen. Wenn in der Gemeinde bereits eine Biogasanlage existiert, macht es Sinn, über die Sabatier-Konvertierung Methan herzustellen. Das Methan wird vorteilhafter Weise als energetische Reserve für die Rückverstromung bei Windflaute genutzt (Abb. 2.7, ZS-E).

Diese Art der Rückverstromung läuft, wie im Abschn. 2.3 dargelegt, ohne entropische Verluste, ist mithin mit geringerem Verbrauch an E-Energie verbunden als die Rückverstromung aus H_2. Natürlich sollte der Energieerzeuger bemühte sein, die Wärmeversorgung seiner Gemeinde zu übernehmen. Hierbei geht es nicht um die Verlegung von Warmwasserleitungen. Der Aufbau eines solchen Versorgungsnetzes verursacht

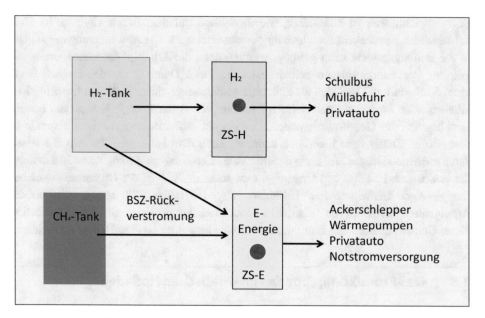

Abb. 2.7 Angebot eines energetischen Hofladens ZS-1 Zapfsäule für Wasserstoff, ZS-2 Zapfsäule

viel zu hohe Investitionskosten. Günstiger scheint die Bereitstellung von E-Energie zu moderaten Konditionen für den Betrieb privater Wärmepumpen. Letztlich ist der Agrar-Energiekomplex vor allem sein eigener Kunde. Die neue Generation miniaturisierter Feldroboter fährt mit Elektroantrieben, wie im Kap. 6 näher ausgeführt werden wird. Insofern besitzt ein Hofladen viele Zapfsäulen vom Typ ZS-E.

Finanzierungsmodelle zum Aufbau von Agrar-Energie-Komplexen

3

3.1 Vergütungen von regenerativen Energien

Die Vergütungen regenerativer Energien werden über das **EEG-Gesetz** [29] und die darin festgelegten **EEG-Umlage** geregelt. Die Höhe der Einspeisevergütung variiert zeitlich. In den Tab. 3.1 und 3.2 sind für die Jahre 2019 und 2020 sowohl für PV- als auch Windkraftanlagen geltenden Vergütungssätze in Abhängigkeit der Anlagengrößen wiedergegeben. Diese Entgelte erhalten die Betreiber unabhängig vom jeweils herrschenden Börsenpreis für die E-Energie. Den Differenzbetrag zwischen Vergütung und Börsenpreis muss der Verbraucher mit den Stromkosten begleichen.

Eine Windkraftanlage mit einer Nennleistung von 5 Mio. kWh/a, das entspricht einer Leistung von ca. 0,5 MW, erwirtschaftet bei einer Einspeisevergütung von 6 Cent/kWh in einer Laufzeit von 20 Jahren einen Ertrag von 6 Mio. €. Das wäre der Erlös vor Steuern bei einem Stufe 1-Prozess gemäß Abb. 2.2. In Stufe 2 können zwei Gase, H_2 und bei vorhandenen Biogasanlagen auch CH_4 gewonnen werden. Beide Gase konkurrieren mit dem bereits am Markt befindlichen Produkten aus fossilen Energieträgern. Der Wasserstoff aus Brennstoffzellen kostete im Jahre 2013 noch 9,5 €/kg. Durch Einsatz von leistungsstärkeren Brennstoffzellen sollen die H_2-Gestehungskosten auf 4,5 €/kg gesenkt werden und entsprächen dann den H_2-Kosten aus dem Reformingprozess (Tab. 3.4, Zeilen 3). D. h. erst bei Verfügbarkeit entsprechend großer Brennstoffzellen erzielt man für grünen H_2 einen Preis, der dem für Wasserstoff aus fossilen Energieträgern entspricht. Aber nur mit diesen Gestehungskosten wäre das Produkt am Energiemarkt handelsfähig.

EEG-Umlage freie PV-Anlagen kommen durch immer billigere PV-Module neuerdings in die Diskussion. Solche PV-Anlagen arbeiten aber wegen der relativ hohen Kosten für die eigene Umspanntechnik nur bei Leistungen $\geq$ 50 MW rentabel. Diese

B. Adler et al., *Energie- und Produktionswende im ländlichen Raum*, https://doi.org/10.1007/978-3-658-33444-4_3

Tab. 3.1 Einspeisevergütung 2019/2020 für PV-Anlagen in Cent/kWh [20–24]

Datum	≤10 kWp	≤40 kWp	≤100 kWp
Ab 01.12.2019	9,97	9,69	7,62
Ab 01.01.2020	9,87	9,59	7,54
Ab 01.02.2020	9,72	9,45	7,42
Ab 01.03.2020	9,58	9,31	7,31

Tab. 3.2 Einspeisevergütungen aus Wind- und Biomassekraftwerken

Energiegewinnung	Datum	Cent/kWh
[1] Wind Onshore	2019/2020	6,2
[2] Wind Onshore	2017	12 Jahre 15,4 danach 3,9
[3] E-Energie aus Wind		
Grundvergütung		5,02 Cent/kWh
Anfangsvergütung		9,2 Cent/kWh
Aufschlag Systemdienstleister		0,5 Cent/kWh
	2021 Prognose	8 Cent /kWh
[4] Biomasse ≤ 100 kW	2017	12,99 bis 13,12
[5] PV ≤ 100 kW$_p$	2020	7,31

Leistungsgröße ist für bäuerliche Betriebseinheiten jedoch um eine Zehnerpotenz zu hoch. Damit sind subventionsfreie Energieerzeugungsanlagen derzeit noch kein Wirtschaftsmodell für den ländlichen Raum.

3.2   Erlöse bei kleintonnagigen H_2- und CH_4-Produktionen

Die technische Erzeugung von CH_4 durch CO_2-Konvertierung aus Biogas mittels H_2 wurde bereits im Abschn. 2.1 dargelegt. Doch könnte das über die Sabatier-Konvertierung gewonnene Methan preislich sich am Markt behaupten? Nach **Agora** rechnet sich eine strombasierte Methangaserzeugung nur bei Betrieb von Anlagen mit hoher Zahl von Volllaststunden, also nicht etwa zur Verwertung des Überschussstromes [27]. Aus marktwirtschaftlicher Sicht ist für den Betrieb chemischer Großanlagen diese Aussage zutreffend. Doch ein solcher Betrieb erfordert eine Leistung von ca. 100 GW an installierten PV- und Windenergieanlagen. Zum Vergleich sollen, wie im Kap. 2 ausgeführt, bis zum Jahre 2030 in der Nordsee 17 GW Windenergie installiert werden. Man müsste noch relativ lange auf die verfügbare Strommenge warten, um die Produktion aufnehmen zu können. Im ländlichen Raum herrschen zudem konkret andere Verhältnisse. Es existieren zum Einen die CO_2-Emittenten, z. B. die zahlreichen

Müllverbrennungsanlagen, die für ihr erzeugtes Abprodukt eine CO_2-Steuer zahlen müssen. Zum Anderen schreibt der Gesetzgeber für zukünftige Energiegewinnungs-Anlagen eine H_2-Konvertierung für zeitlich erzeugte Überschussenergie vor. Deshalb wird es zwangsweise auch zum Betrieb kleiner Anlagen zur Wasserstofferzeugung kommen. Neben der Nutzung als Transportenergie wäre der Wasserstoff prinzipiell als Reduktionsmittel chemisch zu nutzen. Eine solche Applikation betrifft u. a. die Sabatier-Konvertierung von CO_2 zu CH_4. Doch wäre das so gewonnene Methan trotzt seines relativ hohen **Brennwertes** (Tab. 3.3, Spalten 3 und 4) als Brenngas ökonomisch wirklich nutzbar?

Unabhängig von den Prozesskosten für die Sabatier-Konvertierung wird der Preis des Methans im Wesentlichen durch die Gestehungskosten für den Wasserstoff bestimmt. Selbst wenn durch große Brennstoffzellen ein Preis für den grünen Wasserstoff erreicht wird, der dem vom grauen entspricht, liegt der Methanpreis um das 2 bis 3-fache über dem des derzeitigen Erdgaspreises (Tab. 3.4, Spalte 2). Auch ein Bonus von derzeit 6,9 Cent/kg für das Methan und eine entsprechende Verteuerung beim Erdgas ändert an diesen Preisrelationen nicht Wesentliches. Solange billiges Erdgas verfügbar ist, kauft niemand Methan aus der Sabatier-Konvertierung. Man erkennt, dass die derzeitige

Tab. 3.3 Physikalisch-technische Parameter von Energiestoffen

Stoff 1	Dichte in kg/m³ (kg/l) 2	Brennwert in kWh/kg 3	Brennwert in kWh/m³ 4
H_2	0,09	39,39	3,54
CH_4	0,72	13,9	10
Erdgas	0,8	13,9	11,1
Diesel	(0,83)	12,5	10,5
Benzin	(0,75)	12	9

Tab. 3.4 Preise für Wasserstoff, Erdgas und Methan

Gas	Preis in €/kg	Bemerkung
H_2		
A Reformingprozess	4,5	
B Elektrolyse	7	Sunfire 2020 [26]
C Elektrolyse	4,5	2020 Versuchsstadium [25]
CH_4		
A Erdgas	0,9	Preis 2017–2019 [28]
Malus CO_2-Bepreisung	+0,069	
B Sabatier-Konvertierung	2,25 bis 3,5	Nur Materialkosten nach Gl. 2.2
C Bonus CO_2-Bepreisung	−0,069	

politisch festgelegte CO_2-Bepreisung von 25 €/t immer noch die Verbrennungs-prozesse fossiler Energieträger begünstigt. Deshalb bleiben für den ländlichen Raum für die Brenngase CH_4 und H_2 nur zwei Applikationsbereiche: der Eigenverbrauch und die Notfallfürsorge für öffentliche Einrichtungen. Brennstoffzellen mit H_2 oder CH_4 betrieben, könnten die Strom- und Wärmeversorgung der genannten Einrichtungen bei Netzstörungen schnell und CO_2-frei übernehmen. Mit einem Anschaffungspreis von ca. 15 000 € wären 1 kW-Brennstoffzellen eventuell auch für private Verbraucher zur Energieversorgung nicht uninteressant. Sie besitzen zudem den Vorteil, dass eine Gas-netzversorgung nicht aufgebaut werden muss. Diese Form der Energieversorgung ist für isoliert lebende Verbraucher in ländlichen Strukturen zu favorisieren.

Gewinnung von Energie- und Industrierohstoffen aus Pflanzen

4

Eine intensive technische Nutzung pflanzlicher und tierischer Materialien als Industrierohstoffe beginnt Mitte des 19. Jh. So werden z. B. aus nativen Ölen und Fetten Schmierstoffe für die Dampfmaschinen hergestellt, mit den Färberpflanzen Krapp und Waid die Textilien gefärbt und die Papierherstellung erfolgt auf Basis der Cellulosegewinnung aus Holzschliff. Der weltweit erste Farbfilm, der Agfa-Color aus Wolfen, wäre 1936 ohne die Entwicklung des Celluloseacetatfilms aus dem Rohstoff Holz nicht herstellbar gewesen. Mit der Kohlehydrierung, vor allem mit dem Aufkommen der Petrochemie verlieren zu Beginn des 20. Jh. die meisten chemischen Prozesse auf Basis nativer Rohstoffe ihre Bedeutung. Sie sind einfach nicht mehr konkurrenzfähig. Dass seit 20 Jahren eine gewisse Rückbesinnung zu nativen Rohstoffen stattfindet, hat zwei Gründe. Ein Mal nimmt die Verfügbarkeit der Erdöl- und Erdgaslagerstätten ab und wird sich später ganz erschöpfen. Zum Anderen zwingt eine immer höher werdende CO_2-Bepreisung, weniger fossile Kohlenstoffquellen in der chemischen Industrie einzusetzen. Die gewonnenen Produkte aus Pflanzenrohstoffen stellen bisher gegenüber den petrochemisch hergestellten allerdings nur Nischenprodukte mit relativ geringen Tonnagen dar (Tab. 4.1). Doch das Mengenverhältnis aus nativen und petrochemischen Produkten könnte sich in den nächsten Jahren mit der Bereitstellung von grünem Wasserstoff aus Elektrolyseanlagen relativ schnell ändern. Um überhaupt den Anbau nachwachsender Rohstoffe gegenüber den petrochemisch gewonnen rentabel zu gestalten, kommt für die Landwirte nur eine ganzheitliche Pflanzennutzung in Betracht. Am Beispiel der Hanfpflanze soll ein solches Konzept demonstriert werden (Abb. 4.1).

Das aus den Samenkörnern gewonnene Öl ist wegen seiner hohen Anteile an ungesättigten Fettsäuren (Tab 4.2, Spalte 2) nicht nur ein wertvolles Speiseöl, sondern eignet sich auch zur Synthese nativer Epoxide. Die bei der Ölpressung als Beiprodukt mit anfallenden eiweißhaltigen Presskuchen können an die Tiere verfüttert werden. Die Blüten enthalten Cannabinoide, die als Schmerzlinderungsmittel in der Pharmazie Verwendung

B. Adler et al., *Energie- und Produktionswende im ländlichen Raum*, https://doi.org/10.1007/978-3-658-33444-4_4

Tab. 4.1 Industriepflanzenanbau in Deutschland Stand 2009

Industriepflanze	Anbaufläche in 1000 ha [30]	Nutzungsart	Produkte
Stärkepflanzen (Mais, Erbsen, Kartoffeln)	130	Stofflich	Biopolymere
Zuckerrüben	22 226	Stofflich Energetisch	Tenside, **PMMA,** Bioethanol
Raps	120 942	Stofflich Energetisch	Lösungsmittel, Anstrich-stoffe Biodiesel
Sonnenblume, Leinsamen	11	Stofflich	Anstrichstoffe, Native Epoxide
Faserpflanzen	1	Stofflich	Textilien
Arznei- und Färberpflanzen	10	Stofflich	Arzneien Native Farbstoffe
Grünpflanzen (Mais,Gras, **Silphie**)	530	Energetisch	Biogas
Dauerkulturen	3	Energetisch	Festbrennstoffe

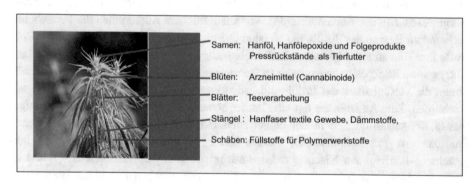

Abb. 4.1 Nutzung der Hanfpflanze

finden. Die Blätter werden zur Teezubereitung verwendet. Aus den Stängeln lassen sich ein Mal die Fasern für schwer entzündbare Dämmmaterialien sowie textile Gewebe oder Seile gewinnen, zum Anderen die kohlenhydrathaltigen Schäben. Letztere eignen sich als native Füllstoffe für polymere Gießharze.

Der Ölpflanzenanbau verlangt Unkraut freie Ackerflächen. Sicher lässt sich diese Forderung durch eine Herbizidbehandlung gewährleisten. Doch nicht metabolisierte, hydrophobe Pestizidreste akkumulieren sich im Ölsamen und gelangen entweder in

Tab. 4.2 Anteil ungesättigter
Fettsäuren im Hanföl

Fettsäure	Doppelbindungen	Anteil in %
Ölsäure	1	10–15
Linolsäure	2	40–60
Linolensäure	3	<29

die Nahrungskette oder in die chemischen Produkte. Z. B. hatte eine Ackerfläche, in der Nähe einer ehemaligen Schwelerei im Südraum von Leipzig gelegen, für den Drachenkopfanbau einen gut geeigneten pH-Wert von pH>7. Doch das gewonnene Drachenkopföl ließ sich weder als Nahrungsmittel noch als Industrierohstoff verwenden, da es mit Dioxin belastet war. Ölpflanzen akkumulieren hydrophobe Xenobiotika. Sie wären zwar für eine Entgiftung der Ackerböden geeignet, die gewonnen Öle nicht aber als chemische Rohstoffe.

4.1 Energiegewinnung aus Biomasse

4.1.1 Biogaserzeugung und Konvertierung

Die Biogaserzeugung basiert auf einer mikrobiellen Umsetzung organischer Stoffe zu Gasen. Methan und Kohlendioxid bilden die Hauptbestandteile des Biogases. Als Einsatzstoffe dienen sowohl biologische Abfälle aller Art, wie Gülle, Mist oder Biotonnenabfälle, als auch Energiepflanzen wie Mais, Grünschnitt oder neuerdings **Silphie** (Tab. 4.3). Bei dem gelbblühenden Korbblütler Silphie handelt es sich um eine Pflanze, die mit relativ hohem Biomasseanteil von etwa 13–20 t/ha geerntet werden kann.

Der enzymatische Abbau erfolgt im Fermenter in vier Stufen mit unterschiedlichen Mikroorganismen [31]. In der ersten, der sogenannten Hydrolysestufe, entstehen mithilfe der Enzyme Amylase, Protease oder Lipase aus Cellulose, Stärke oder Proteinen monomeren Einheiten, z. B. aus den Kohlenhydraten mittels Amylase Monosaccharide. In der zweiten Stufe, der Acidogenese, werden diese Monomeren weiter zu Carbonsäuren und Alkoholen abgebaut. In dieser Stufe kommt es durch Zersetzung der Proteine auch zur Bildung der unerwünschten, stark riechenden Gase H_2S und NH_3, aber auch H_2-Bildung (Tab. 4.4, Zeilen 4 und 5). In der dritten Stufe der Acetogenese entstehen mikrobiell Essigsäure und Acetate. Bei der Acetogenese sinkt der pH-Wert des Reaktionsgemisches. In der letzten Stufe, der anaerob verlaufenden Methanogenese, bildet sich das Methan entweder durch Umsetzung von CO_2 mit H_2 gemäß:

$$\mathbf{CO_2 + 4H_2 \rightarrow CH_4 + 2H_2O} \tag{4.1}$$

Tab. 4.3 Substrateinsatz und Gasausbeute

Substrat	Biogas in m³/t Frischmasse	CH₄ in %
Maissilage	202	52
Zuckerrübenschnitzel	125	52
Rinder- oder Schweinegülle	25	60
Getreideschlempe	40	61
Hühnermist	80	60
Grassilage	172	54

Tab. 4.4 Biogaszusammen-setzung

Gas	Anteil in % in mg/m³	Durchschnitt in % in mg/m³
[1] CH_4	45–70	60
[2] CO_2	25–55	35
[3] H_2O	0–10	3,1
[4] NH_3	0,01–2,5	0,7
[5] H_2S	10–30.000	500

oder durch Zerfall der Essigsäure gemäß Gl. 4.2:

$$\mathbf{CH_3COOH \rightarrow CO_2 + CH_4} \tag{4.2}$$

Will man das gebildete Methan in einem **BHKW** energetisch nutzen (Abb. 4.2 und 4.3), muss vor der Verbrennung eine Gasreinigung erfolgen. Der Schwefelwasserstoff würde bei der Verbrennung SO_2 bilden. Werden Energiepflanzen als Substrat verwendet, liegen die H_2S-Konzentrationen allerdings niedrig. Das Biogas kann mit O_2 gemäß (Gl. 4.3) entschwefelt werden:

$$\mathbf{H_2S + \tfrac{1}{2}\,O_2 \rightarrow S + H_2O,} \tag{4.3}$$

$$\mathbf{H_2S + Fe^{2+} \rightarrow FeS + 2H^+} \tag{4.4}$$

oder durch Zugabe von Stahlspänen gemäß Gl. 4.4 als FeS ausgefällt werden. Das gebildete FeS verbleibt im Gärrest als Bodendünger. Dienen als Substrat zur Biogas-erzeugung proteinhaltige Einsatzstoffe, muss man mit einem hohen Anteil an H_2S rechnen. Eine Möglichkeit der Entfernung besteht in der Laugenwäsche mit KOH bzw. NaOH. Das Verhältnis der beiden Hauptgase CH_4 und CO_2 variiert in Abhängigkeit des verwendeten Substrates.

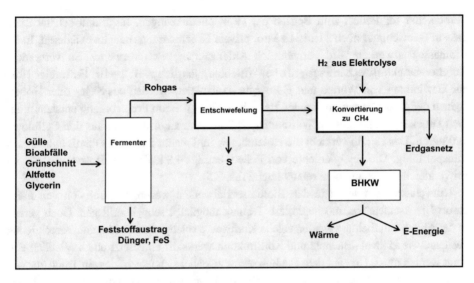

Abb. 4.2 Biogasanlage mit CO_2-Konvertierung

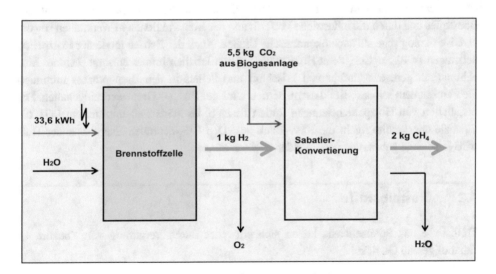

Abb. 4.3 Zusammenwirken von BSZ und Biogasprozess

4.1.2 Energiequelle Holz

Holz ist ein wichtiger nachwachsender Rohstoff, der sowohl als Strukturwerkstoff als auch Energieträger seine technische und ökonomische Bedeutung für eine Volkswirtschaft besitzt. Im Jahre 2019 betrug der Holzeinschlag in der Bundesrepublik Deutschland 68 Mio. m^3. 16 % davon, also 10,9 Mio. m^3, wurden davon energetisch genutzt [46]. Hauptabnehmer für den Brennstoff Holz sind ein Mal die Biomasseheizkraftwerke in Form von Stückholz oder Holzhackschnitzeln, zum Anderen privater

Verbraucher für Pellets zum Betrieb der Holzpelletheizungen. Insgesamt schätzt man, dass in Deutschland noch 11 bis 13 Mio. private Holzfeuerungsanlagen existieren. In 91 Biomassekraftwerken wird vornehmlich Altholz energetisch verwertet. So verbraucht das Biomassekraftwerk in Piesteritz bei Wittenberg jährlich z. B. $2 * 10^5$ **Festmeter** Holz zur Gewinnung von Wärme und E-Energie. Holzpellets werden aus Säge- oder Hobel-spänen der Nutzholz verarbeitenden Betriebe gefertigt. Beim Pressvorgang entsteht unter dem Druck der Pelletpressen Wärme. Diese führt zum **Lignin**austritt aus den Cellulose-strukturen. Das Lignin verklebt die Holzteilchen und macht die Pellets damit haltbar und transportfähig. Die Energiedichte von Pellets beträgt 4,8 kWh je kg Holzmasse. Sie ist im Vergleich zur Braunkohle relativ hoch (Tab. 2.5).

Umweltaktivisten sehen in den Biomassekraftwerken wegen der Emission von **Fein-staub** Dreckschleudern, möchten diese Technik möglichst schnell stilllegen. Doch gerade in der Altholzaufarbeitung werden solche Kraftwerke solange ihre Produktionsberechtigung besitzen, wie Holz als Bauholz und Konstruktionswerkstoff eingesetzt und schließlich ent-sorgt werden muss. Und auf dem Bauholzsektor zeichnet sich neuerdings ein Trend zur ver-stärkten Nutzung ab. Das Hochenergieprodukt Beton wird vorteilhafter Weise durch den Werkstoff Holz selbst für den Bau von Hochhäusern substituiert. Neben der Energieein-sparung erzielt man beim Bau mit Holz durch die wesentlich höhere Dämmeigenschaft des Baustoffes und durch die industrielle Vorfertigung der Konstruktionen in Werkhallen sowohl positive ökologische als auch ökonomische Effekte. Auch der Betrieb moderner Holzpellet-heizungen ist ökologisch, denn Holzanfälle müssen letztlich immer entsorgt werden. Eine automatisch geregelte Zufuhr von Frischluft und Pellets in den Brennprozess minimiert die Feinstaubemissionen. Bei diesem Betrieb wird der $PM_{10}-$ Grenzwert eingehalten. Die Installation von Holzpelletheizungen fördert deshalb das Wirtschaftsministerium [47], die Finanzierungskredite reicht die **KfW**-Bank aus. Den CO_2-neutralen Energiespender Holz wird es solange geben, wie noch Wälder wachsen können.

4.2   Biotreibstoffe

Treibstoffe auf Pflanzenbasis lassen sich entweder durch Vergärung von Zuckern zu Ethanol gemäß Gl. 4.5:

$$C_6H_{12}O_6 \rightarrow 2C_2H_5OH + 2CO_2, \tag{4.5}$$

durch Umesterung von Pflanzenölen mit Methanol zu Fettsäuremethylestern, auch Bio-diesel genannt, gemäß Gl. 4.6:

$$C_3H_5FS_3 + 3CH_3OH \leftrightharpoons 3CH_3FS + C_3H_5(OH)_3 \tag{4.6}$$

mit FS *Fettsäurerest*

oder durch Umsetzung von Methanol zu Oxymethylenethern, auch als synthetischer Dieselkraftstoff bezeichnet, gemäß Gl. 4.7 herstellen:

$$2CH_3OH + n(CH_2O) \rightarrow CH_3O(CH_2O)_nCH_3 + H_2O. \tag{4.7}$$

Während die Umesterung von Fetten und Ölen sich durchaus im bäuerlich-ländlichen Raum durchführen lässt, muss die Bioethanolgewinnung und die Synthese von synthetischem Diesel in der Chemischen Industrie vorgenommen werden. Sowohl die Umesterung von Pflanzenölen zu Biodiesel als auch die Stärkervergärung zu Bioethanol als Kraftstoffzusatz stellen Prozesse der Zweckentfremdung von Nahrungsmitteln dar. Sie werden in den Industriestaaten u. a. auch deshalb betrieben, um Nahrungsmittelüberschüsse abzubauen. So lange aber fast eine Milliarde Menschen in Teilen der Erde Hunger leiden und diese landwirtschaftlichen Überschüsse aus rigoroser Nutzung landwirtschaftlicher Flächen entstehen, scheinen beide Produktionen ethische fragwürdig. Man versuchte die Zweckentfremdung von Nahrungsmitteln zur Biodieselherstellung bereits vor 20 Jahren zu umgehen, indem man auf großen, devastierten Ödlandflächen mit dem Anbau der Jatrophapflanze in südlichen Ländern begann. Die meisten der Jatropha-Arten sind giftig. Das Jatrophaöl eignen sich also nicht als Nahrungsmittel. Mit dem Aufkommen der Elektromobilität sind die Aktivitäten im Jatropha-Anbau für die Autoindustrie uninteressant geworden.

Auch in Europa gibt es in den Alpenregionen eine native Ölquelle, die als Rohstoff zur Biodieselherstellung genutzt wird. Es handelt sich um die Presskuchenrückstände der Holundersaftproduktion, aus denen das ebenfalls für Nahrungszwecke ungeeignete giftige Holunderkernöl ausgepresst wird. Umgekehrt basiert die Produktion von synthetischem Diesel auf der Verarbeitung von CO_2 mit Wasserstoff. Wenn dieser Wasserstoff aus der Elektrolyse regenerativ erzeugter E-Energie erfolgt, ist diese Technologie begrüßenswert und zukunftsfähig, denn Dieselaggregate zur Notstromerzeugung werden wohl noch lange Zeit gebraucht (Tab. 4.5).

Tab. 4.5 Energiedichten und Schadstoffemissionen bei Transportenergien

Transportenergie	Energiedichte in kWh/kg Treibstoff	CO_2 in g/km	Ruß-/NO_x-Emission
[1] Diesel (Golf)	11,9	109–111	+/+
[2] Synthetischer Diesel 15 % $CH_3O(CH_2O)_n CH_3$	<12	<100	Reduziert
[3] Benzin In: Fortwo Coupe' cdi, Toyota iQ 1.0	12–13	88 99	+/+
[4] Biodiesel	10	<100	Reduziert
[5] Ethanol	7,44		
[6] e-Golf (85–100 kW)	0,1–0,8	119 (Tendenz fallend!)	Keine
[7] H_2 – Brennstoffzelle	33,6	>0	Keine

4.2.1 Herstellung von Bioethanol

Die Ethanolgewinnung aus nachwachsenden Rohstoffen erfolgt durch die Vergärung von Zuckern oder zuckerhaltigen Reststoffen. Native Einsatzstoffe sind entweder Rohr- oder Rübenzucker, **Stärke** bzw. **Cellulose** oder **Melasse.** Während die Zucker entsprechend Gl. 4.6 direkt vergoren werden können, erfordern Stärke und Cellulose spezielle Aufschlüsse zur Verzuckerung, die sogenannte Stärke- bzw. Holzverzuckerung. Die Verzuckerung der Mais- Weizen- oder Kartoffelstärke erfolgt in drei Prozessschritten:

- der enzymatischen Verkleisterung mit α-Amylase bei erhöhter Temperatur,
- der Verflüssigung des Stärkebreis durch Teilhydrolyse und
- der Glukosebildung durch Glukoamylase.

Bioethanol wird dem Benzin zugemischt und verbessert die Fahrleistung der Ottomotoren. Nach der EU-Norm EN 228 ist eine Zugabe von 5 Vol.-% Bioethanol für alle Benzin-Motoren verträglich. Das Gemisch heißt E 5. Auch ein Gemisch von 10 % Ethanol im Benzin ist für 95 % aller durch Ottomotoren betriebenen Fahrzeuge verträglich und wird als E 10 an Tankstelle in Deutschland vertrieben. Ferner dient Bioethanol zur Herstellung des Antiklopfmittels **ETBE.**

Die Holzverzuckerung wurde im vorigen Jahrhundert bereits großtechnisch betrieben entweder in Form eines Säurelaufschlusses mit anorganischen Säuren: HCl, HF oder H_2SO_4 zur ausschließlichen Ethanolherstellung oder in Form der Abproduktaufarbeitung bei der Zellstoffgewinnung. Aus 100 kg Trockenmasse Nadelholz lassen sich ca. 60 bis 65 kg Kohlenhydrate mit einem vergärbaren Zuckeranteil von 50 bis 53 % gewinnen sowie 30 kg Lignin [32]. Mit dem Aufkommen der Petrochemie wurde die direkte Holzverzuckerung Anfang der 50-ger Jahre des 20. Jahrhunderts aus Kostengründen in Mitteleuropa eingestellt.

4.2.2 Biodieselherstellung

Prinzipiell lassen sich unbehandelte Pflanzenöle, also Fettsäureglycide, in Ackerschleppern als Treibstoffe verwenden. Besser in der Handhabung sind jedoch die Umesterungsprodukte mit Methanol gemäß Gl. 4.6. Die Umesterung erfolgt in Gegenwart von KOH fast spontan, da das gebildete Glycerin aufgrund seiner hohen Dichte das Reaktionsgleichgewicht spontan verlässt. Problematisch gestaltet sich die Umesterung Fettsäure haltiger Öle und Fette aus Fettabscheidern der Großküchen und Kantinen. Fettsäuren bilden sich auch bei thermischer Belastung der Fette oder Schwere bedingt bei der Lagerung feuchter Ölsaaten durch Hydrolyse gemäß Gl. 4.8:

$$C_3H_5FS_3 + H_2O \rightarrow C_3H_5OH-FS_2 + FSH \qquad (4.8)$$

FSH Freie Fettsäure

In Gegenwart von KOH reagieren die Fettsäuren dann bei der Veresterung zu Seifen weiter. Die Seifenbildung erschwert die Glycerinabtrennung. In Biodieselgroßanlagen entfernt man durch entsprechende Wäschen die Fettsäuren. Bäuerliche Kleinstanlagen zur Umesterung besitzen keine Vorwaschstufen und können Öle mit hohen Fettsäureanteilen nicht verarbeiten. Um bei Biodieselkleinstanlagen ein normgerechtes Biodieselprodukt zu erreichen, werden die drei Verunreinigungen H_2O, CH_3OH und KOH bzw. NaOH durch Zugabe einer Kronenetherverbindung aus dem destillierten Produkt entfernt. Der Inhalt einer Kinderwindel reicht zur Feinreinigung von 200 l Biodiesel [33] (Tab. 4.6).

Die Verwertung des Zwangsanfalls Glycerin erfolgt derzeit vielfach zur Energiegewinnung in Biogasanlagen. Zukünftig scheint, wie im Abschn. 4.6 ausgeführt wird, die Verwendung zur Acrylsäureherstellung ökologisch sinnvoller.

4.2.3 Synthetischer Dieselkraftstoff

Verfügt man über genügend Elektrolysewasserstoff, lässt sich Methanol durch Hydrierung des Abgases CO_2 gewinnen:

$$CO_2 + 3H_2 \rightarrow CH_3OH + H_2O \tag{4.9}$$

Die Synthese der Oxymethylenether erfordert, dass eine Teilmenge des Methanols katalytisch mit Sauerstoff zu Formaldehyd oxidiert wird:

$$2CH_3OH + O_2 \rightarrow 2CH_2O + 2H_2O \tag{4.10}$$

Als Katalysatoren dienen entweder Ag oder Metalloxide. Der Formaldehyd wird dann mit Methanol zum Halbacetal umgesetzt:

$$CH_3OH + CH_2O \rightarrow CH_3OCH_2OH \tag{4.11}$$

Dieses Zwischenprodukt reagiert sofort mit einem weiteren Molekül CH_3OH zum Acetal, dem Dimethylether:

$$CH_3OCH_2OH + CH_3OH \rightarrow CH_3OCH_2OCH_3 + H_2O. \tag{4.12}$$

Polyoxymethylendimethylether $CH_3O(CH_2O)_nCH_3$ mit $2<n<5$ entstehen durch Umsetzung von mehreren Molekülen Formaldehyd mit zwei Molekülen CH_3OH [34] gemäß Gl. 4.7.

Tab. 4.6 Auszug aus der EN 14214 (Biodieselnorm)

Verunreinigung	Einheit	Menge
H_2O	mg/kg	500
CH_3OH	%	0,2
KOH, NaOH	mg/kg	5

Möglicherweise könnte sich durch den Einsatz synthetischer Dieselkraftstoffe die Akzeptanz von Dieselmotoren sogar wieder erhöhen. Diese Kraftstoffe zeichnen sich durch eine hohe Energiedichte (Tab. 4.5), geringerer Rußbildung und eine vorhandene Verteilungsinfrastruktur (Tankstellennetz) aus. Eine Brückentechnologie stellen die synthetischen Dieselkraftstoffe allemal dar, zumal sie, wie oben ausgeführt, aus CO_2 als Rohstoffbasis, synthetisiert werden. Durch die Sauerstoffatome im Brennstoffmolekül erfolgt eine Ruß ärmere Verbrennung als beim herkömmlichen Dieselkraftstoff. Die hohe Energiedichte gestattet es, mit einer Tankfüllung große Reichweiten ohne Zwischentanken zu erreichen.

4.3   Native Epoxide und Folgeprodukte aus ungesättigten Fettsäureestern

Von allen nachwachsenden Rohstoffen lassen sich die Ölsaaten industriell zu chemischen Zwischenprodukten technologisch am einfachsten verarbeiten. Der Prozess ähnelt in gewisser Weise der petrochemischen Erdölverarbeitung. Flüssige Phasen werden bewegt und chemisch umgearbeitet. Durch einen einfachen Aufarbeitungsschritt, das Ölpressen, steht das Öl zur chemischen Verarbeitung zur Verfügung. Eine Form der Funktionalisierung der pflanzlichen Fettsäureester besteht in der Epoxidierung. Sie ist entweder mit den natürliche gebildeten Glycidestern oder den gemäß Verfahren Gl. 4.7 gewonnenen Methylestern möglich. Zum Unterschied zu den synthetischen primären Epoxiden wirken die sekundären Fettsäureepoxide nicht mutagen [35], lassen sich aber auch schwerer in Formierungen verarbeiten. Für die Bauern sind die einheimischen Ölpflanzen mit hohen Hektarerträgen und geringen Pflegeaufwand interessant, z. B. der Raps. Für die Erstellung einer breiten Produktpalette eignen sich aus chemischer Sicht vor allem Ölpflanzen mit einem hohen Anteil mehrfach ungesättigter **Fettsäuren** (Tab. 4.7 und 4.8). So erzeugt man beim Raps- und Sonnenblumenanbau zwar die höchste Ölmengen pro Hektar. Bei Lein-, Hanf- und Drachenkopföl erhält man den höchsten Anteil an dreifach ungesättigten Fettsäuren (Tab. 4.7, Spalte 2 und Tab. 4.8, Spalte 4). Sicherlich gibt es gibt Ölpflanzen, die in keinem der beiden Bewertungskriterien Spitzenwerte aufweisen und dennoch für bestimmte klimatische Verhältnisse oder Bodenbedingungen wertvolle Rohstoffquellen darstellen.

Eine Entscheidung über ihre industrielle Verwendung muss deshalb fallweise zwischen dem Anbauer der Ölsaat und dem Ölverwender getroffen werden. Die im Weiteren favorisierte Verwendung von Lein-, Hanf- und Drachenkopföl, eine Drachenkopfpflanze ist in Abb. 4.4 dargestellt, basiere auf der Forderung, Epoxide mit hohen **EO-Zahlen** zu produzieren. Denn möglichst viele Oxiranringe gestatten bei der späteren Verarbeitung hohe Vernetzungen, machen zudem die Produkte stabiler gegenüber einem oxydativen Abbau. Neben den nativen Ölen fällt bei der Pressung mit dem Presskuchen zu 20 bis 30 % ein Eiweiß haltiger Rückstand an (Tab. 4.6, Spalte 3), der derzeit nur als Viehfutter Verwendung findet, aber sicherlich in Zukunft weiter veredelt werden könnte.

Tab. 4.7   Erträge und Zusammensetzung technisch genutzter Öle

Name [1]	Ölgehalt in % [2]	Eiweiß (Kohlenhydrate) in % [3]	Rohstoff für [4]
[1] Raps Brassica napus	40–52	29 (<31)	Biodiesel
[2] Sonnenblume Helianthus annuus	40–65	18 (<42)	Lackindustrie
[3] Lein Linum isitatissimum	37–42	20–24 (15–29)	Speiseöl EO
[4] Hanf Cannabis sativa	30–35	30 (35–40)	Speiseöl EO
[5] Drachenkopf Lallemantia iberica	38	21–28 (34–41)	Speiseöl EO
[6] Krambe Crambe abyssinica	25–50	24 (26–51)	

Tab. 4.8   Ölpflanzenerträge und Hauptfettsäuren [41]

Pflanze [1]	Kornertrag in dt/ha [2]	Ölgehalt in kg/ha [3]	% Öl der Hauptfettsäure [4]
[1] hΩ-Sonnenblume	25–30	1,200	80–90 von C18:1
[2] Hanf		<326	<60 von C18:2
[3] Sommerraps	18–22	800	45 von C18:1
[4] Drachenkopf	18–22	760	67 von C18:3
[5] Krambe	20–25	850	60 von C22:1

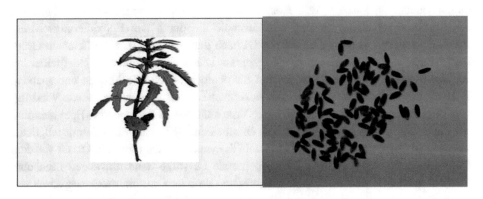

Abb. 4.4   Drachenkopfpflanze (links) mit Saatkorn (rechts)

Bei der Herstellung hoch epoxidierter Fettsäureester treten mehrere verfahrenstechnische Probleme auf. Die Epoxidierungsreaktion verläuft stark exotherm und kann bei Reaktionsvolumen >100 l nur in **Korobon**reaktoren ausgeführt werden. Die Solltemperatur beträgt 66 °C. Schon ein Grad tiefer, bei 65 °C, nimmt die Reaktionsgeschwindigkeit stark ab. Folgereaktionen führen zur der Polyolbildung und liefern Reaktionsprodukte, die vom anhaftenden Prozesswasser nach Gl. 4.13 schwer trennbar sind. Bei Reaktionen >66 °C verläuft die Epoxidierung recht schnell, liefert aber zu viel Wärme. Dadurch besteht die Gefahr des explosiven Zerfalls der Perameisensäure, dem Oxidationsmittel zur Epoxidierung:

$$H-C=O-OH + H_2O_2 \quad \xrightarrow{\;+\,H\;} \quad H-CO-OOH + H_2O \qquad \text{Gl. 4.13}$$

$$R_1-(CH=CHCH_2)_n-R_2 + n\ HCOOOH \quad \longrightarrow \quad R_1-(CH\underset{O}{-}CHCH_2)_n-R_2 + n\ HCOOH \qquad \text{Gl. 4.14}$$

mit: $R_1 = R'OC=O(CH_2)_7$, $R_2 = (CH_2)_{9-3n}-CH_3$, $R' = $ Methyl- oder Glycidrest und $1 \leq n \leq 3$.

Eine manuelle Steuerung der Temperaturführung durch Zudosierung der Perameisensäure ist bei Reaktoren von ≥200 l Reaktionsvolumen unmöglich. Deshalb erfolgt die Zugabe des Perameisensäuregemisches zum vorgelegten nativen Öl Prozessrechner kontrolliert in Abhängigkeit des differentiellen Temperaturanstieges unter strikter Einhaltung der 66 °C Temperaturobergrenze:

$$\Delta m_{PA} = f(dT/dt) \qquad (4.15)$$

mit: $\Delta\ m_{PA}$ Perameisensäurezugabe, dT Temperaturerhöhung in der Zeit dt [35].

Native Epoxide besitzen eine Besonderheit. Sie lassen sich mit Photokatalysatoren ohne Zugabe eines Härters vernetzen. Doch diese Reaktion verläuft nur dann optimal, wenn das verwendete Epoxid optisch ungetrübt und farblos ist. Die optische Klarheit kann durch obengenannten Epoxidierungsprozess erzwungen werden, nicht immer jedoch die Farblosigkeit. Kommt die Farbigkeit als sogenannter Gelbton aus der Ölpflanze selbst, lassen sich die Farbmoleküle durch den Epoxidierungsprozess oxidativ zerstören. Besitzt dagegen das Öl nach dem Auspressen einen leichten Grünstich, wurde z. B. Beifußsamen mit ausgepresst. Dieser Farbton verschwindet leider bei der Epoxidierung nicht. Solche Öle sind für photochemische Reaktionen unbrauchbar. D. h. vor dem Ölpflanzenanbau ist die Ackerfläche durch eine entsprechende Vorkultur von Unkrautsamen frei zu halten. Für die Viskosität des zu erzeugenden Epoxides sind die Lagerung und das Abpressen des Öls entscheidend. Will man Epoxide mit möglichst kleiner Viskosität von $\eta_{40} = 300$ bis $500\ mm^2/s$ synthetisieren, muss die Ölsaat vor dem Abpressen gut getrocknet sein. Das abgepresste Öl sollte dann umgehend nach dem Pressen epoxidiert werden. Feucht abgepresste Öle oder Öle, die thermisch durch das Abpressen vorbelastet wurden und zu lange lagern, bilden durch Autohydrolyse freie Fettsäuren. Sie bewirken, dass bereits im Epoxidierungsprozess die gebildeten Epoxide sich mit den Fettsäuren vernetzen und damit Epoxide hoher Viskosität liefern. Diese Epoxide lassen sich weder aufarbeiten, noch sind sie für Formierungen geeignet. Die Gewinnung hochwertiger nativer Epoxide zeigt, dass Landwirte und Chemiker eng aufeinander abgestimmt, die natürlichen chemischen Rohstoffe produzieren müssen. Eine als Nahrungsmittel nicht mehr geeignete, überlagerte Ölsaat noch als Industrierohstoff zu verwerten, ist für die Biodieselproduktion nach entsprechender Vorbehandlung des Öls zwar möglich, nicht aber für die Herstellung nativer Epoxide. Die für die Epoxidierung verwendeten Öle stellen aber nicht nur chemische Rohstoffe dar. Sie sind zugleich durch den stark exotherm verlaufenden Reaktionsprozess Energieträger. Die freiwerdende Wärme kann abgeführt und über Wärmepumpen zur Raumheizung oder als Prozesswärme für andere chemische Prozesse genutzt werden.

Die Photovernetzung nativer Epoxide wurde bereits erwähnt. Licht im Wellenlängenbereich $200 \leq \lambda \leq 400$ nm führt ohne zusätzlichen Härter, durch einen Photokatalysator initiiert, zur Vernetzung [36]. Zum Unterschied zur Säurevernetzung bilden sich bei der photochemischen Reaktion jedoch keine Polyester sondern Polyetherverbindungen. Diese Eigenschaft kann man u. a. zur Pestizid freien Heuschreckenbekämpfung nutzen. Auf den Ackerböden von Heuschrecken befallenen Feldern wird eine acetonische Epoxidlösung versprüht. Die Formierung härtet unter Einfluss von Sonnenlicht sofort aus, verklebt die oberen Sandpartikel, sodass die neue Generation an Heuschrecken nicht die Kraft aufbringen können, ihre Legeröhre zu verlassen und absterben (Tab. 4.9, Zeile 1).

Natürlich eignen sich Aceton freie Epoxidformierungen hervorragend als Holzanstriche. Die Anstriche sind geruchlos und härten bei nicht zu starker Sonneneinstrahlung in wenigen Minuten klebfrei aus (Tab. 4.9, Zeile 2). Nicht alkaliresistente Silikate, z. B. Porphyre, lassen sich mit nativen Epoxiden hydrophobieren. Die native Epoxide reagieren mit SI–OH-Gruppen der Silikate. Durch diese Veretherung kann der Betonkrebs bei Betonfahrbahnen gestoppt werden.

Native Epoxide reagieren ähnlich den synthetischen Epoxiden mit unterschiedlichen Härtern. Als Härter für diese 2 K-Formierungen werden zwei- und mehrbasige aromatische Säuren und deren Anhydride eingesetzt, z. B. **Mellithsäure**- oder Phthalsäurederivate. Nur für Glasverklebungen sind diese Vernetzer ungeeignet, weil sie im blauen Bereich des sichtbaren Spektrums das Licht absorbieren und den Klebstoff in kurzer Zeit photochemisch zersetzen würden. Deshalb verwendet man zum Glasverkleben Hexandiolmonophosphat als aliphatischen Vernetzer. Harz und Härter werden unter Kühlung vorpräpariert und dann bei $-196\,°C$ eingefroren [37]. Dieses Pseudo-1 K-System wird portionsweise vor Ort durch vorsichtiges Erwärmen verarbeitet (Tab. 4.9, Zeile 3).

In 2 K-Formierungen mit Phthalsäure- oder Mellithsäurederivaten reagieren native Epoxide unter starker Wärmeentwicklung. Sie ist bei Zugabe von Wasser besonders stark und kann zum Aufschäumen der Formierung genutzt werden. Dabei bilden sich Hartschäume (Tab. 4.9, Zeile 4). Durch verschiedene Füllstoffe, wie z. B. Hanfschäben, kann das Aufschäumen gut gesteuert werden [38]. Schaumstoffkörper definierter Geometrie

Tab. 4.9   Produkte aus epoxidierten Fettsäureestern

Produkt 1	Epoxid von Öl 2	Vernetzer 3	Anwendung 4	Bemerkung 5
[1] In situ Film	Drachenkopf	1 K: hν	Heuschrecken-bekämpfung	Aus acetonischer Lösung
[2] Film	Drachenkopf	1 K: hν	Holzanstrich, Klebstoff, Hydrophobie-rungsmittel	
[3] Film	Drachenkopf, Lein	Pseudo-1 K: Hexandiol-monophophat	Glaskleber	$-196\ °C$ ein-gefroren
[4] In situ Verschäumung	Hanf, Lein	2 K: Phthal- o. Mellithsäurederivate	Hartschaum für Isolierstoffe	H_2O-Verschäumung
[5] Polymer-beton	Hanf, Lein, Drachenkopf	2 K: Mellithsäurederivate	Fußbodenbelege Bau- und Werkstoffe	Füllstoffe: SiO_2, $CaHPO_4$, Kalksandstein, Gummischrot
[6] Methylester-epoxide	Raps, Hanf	Entfällt	Entfettungsmittel, Verdünner, Lösungsmittel	**VOC**-frei

werden Energie sparend in Mikrowellen gefertigt. Schaumbildung und Aushärtung erfolgen bei geringer Energiezufuhr spontan nach kurzer Mikrowelleneinstrahlung.

Durch Variation der Füllstoffe lassen sich 2 K-Polymerbeton-Formierungen für unterschiedliche Applikationen herstellen. Wetter beständig verhalten sich Polymerbetone mit Kalksandstein (Tab. 4.9, Zeile 5). Schalldämmend wirkt die Zugabe vom Gummischrot.

Schließlich lassen sich auch die Methylester epoxidieren. Als Einsatzstoffe kommen das Raps- und Hanföl oder aufgearbeitete Rückstände der Fettabscheider in Betracht, also ein Ölgemisch verschiedener Speiseöle und Fette. Die entstehenden Epoxide besitzen eine relativ niedrige Viskosität und sind geruchlos. Sie eignen sich als Entfetter in der Metall verarbeitenden Industrie, aber auch als Reaktionsverdünner für die 2 K-Rezepturen (Tab. 4.9, Zeile 6).

4.4 Biopolymere

4.4.1 Biologischer Abbau

Stärke bzw. **Cellulose** stellen native Polymere, auch Biopolymere genannt, dar. Aus beiden pflanzlichen Rohstoffen lassen sich durch Einwirkung von Säuren technisch nützliche Derivate herstellen. So gewinnt man u. a. aus Cellulose mit Essigsäure und Essigsäureanhydrid Celluloseacetat. Celluloseacetat besitzt film- bzw. folienbildende Eigenschaften und dient sowohl als Textilfaser als auch Trägermaterial für Fotomaterialien. Stärke gewinnt man aus Erbsen, Mais, Kartoffeln oder Weizen. Behandelt man die Stärke ebenfalls mit Essigsäureanhydrid, entsteht ein Gemisch von Stärkeacetaten. Als chemisches Zwischenprodukt ist das Triacetat gefragt, da es Folien bildende Eigenschaften besitzt.

Polylactid entsteht durch Polymerisation von Lactid, das aus zwei Molekülen Milchsäure besteht. Zum Unterschied zu den beiden erstgenannten Polymeren, die aus pflanzlichen Rohstoffen gebildet werden, gewinnt man das Polylactid aus einem tierischen Rohstoff, der Milchsäure, die wiederum aus der Verarbeitung von Milchüberschüssen gewonnen wird. Polyhydroxybuttersäure ist ein mikrobielles hergestelltes Polymer und kann bei der Abwasseraufarbeitung gewonnen werden Abschn. 8.1. Alle genannten Kunststoffe gehören zu den beiden Klassen der organischen Polyether bzw. Polyester. An native Polymere knüpft man die Erwartung einer biologischen Abbaubarkeit durch enzymatische Hydrolyse der C-O-Bindungen in der Polymerkette. Eine solche Biodegradation scheint vor allem für die Beseitigung von Verpackungsmaterialien aus Plastik von Interesse, tragen doch die derzeit auf Erdölbasis produzierten Kunststoffe im starken Maße zur Vermüllung der Landschaft und der Meere bei. Biologisch abbaubare Verpackungsmaterialien aus Stärkeacetat könnten die Müllmenge reduzieren, haben sich bisher aus Kostengründen gegenüber PE-Folien leider kaum durchsetzen können. Selbst wenn es gelingen würde, bioabbaubare Verpackungsmaterialien kostengünstiger zu produzieren, gehören sie für das Recyceln nicht in die Biotonne. Die Abbaugeschwindigkeit von Nahrungsmittelresten ist wesentlich höher als die von Bioplastikmassen. Die entstehenden Komposte sind mit Schreddergut aus Plastik durchsetzt. Aber das wäre nur ein temporärer auftretender Schönheitsfehler. Toxikologisch unangenehmer sind die Polymeradditive, die mit auf den Acker gelangen und ihn vergiften.

Im Weiteren wird der biologische Abbau an Polyestern und Polyetherstrukturen diskutiert. Der Recyclinggedanke, den biologischen Abbau auch auf polymerer Konstruktionswerkstoffe zu übertragen, scheint zunächst ein selbstkonstruiertes Paradoxon zu sein. Durch die Allgegenwärtigkeit von Bakterien könnte eine durch Lipasen und Carboxylasen initiierte Hydrolyse immer auch unkontrollierbar ablaufen, d. h. vor der Nutzung eines Werkstückes schon dessen unerwünschte Zersetzung einleiten.

Man muss ferner davon ausgehen, dass nicht alle Polyester (Abb. 4.5, Teil A) biologisch abbaubar sind. Nur wenn die Polymerketten aus aliphatischen Einheiten

Tab. 4.10 Auswahl einiger Polyester als Referenzen zum Bioabbau

Polymer 1	Strukturelement 2	Abbau 3
[1] PHB *Polyhydroxybuttersäure*	$-OC=OCH_2CHCH_3$	+
[2] PCL *Polycaprolacton*	$-OC=O(CH_2)_5-$	+
[3] PET *Polyethylenterephthalat*	$-ArC=OO(CH_2)_2-$	−
[4] APC aromatisches *Polycarbonat*	$-ArOC=OOAr-$	−
[5] PLA Polymilchsäure (*Polylactidacid*)	$-OC=OCHCH_3-$	+
[6] PBT *Polybutylenterephthalat*	$-ArC=OO(CH_2)_4-$	−
[7] STAC *Stärkeacetat*	$-CH_2OC=OCH_3$	+
[8] FSE *Fettsäureepoxidester*	+aliphatische Vernetzer	+
[9] FSE *Fettsäureepoxidester*	+aromatische Vernetzer	−

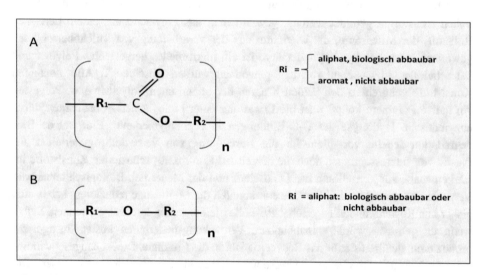

Abb. 4.5 Biologische Abbaubarkeit von Polyester- und Polyetherstrukturen

bestehen, ließ sich bisher ein biologischer Abbau durch Simulationen prognostizieren und experimentell bestätigen [40]. Ein Abbau unterbleibt dagegen bei aromatischen Polyesterstrukturen (Tab. 4.10, Zeilen 4, 6 und 9). D. h. auch die mit Mellithsäure verknüpften Epoxide aus nativen Fettsäuren sind ebenfalls nicht biologisch abbaubar. Nicht abbaubar sind ferner die Polymerether, sowohl aus nativen Fettsäuren als auch das Celluloseacetat (Abb. 4.5, Teil B). Stärkeacetat, das aus den gleichen, aber anders verknüpften Glukoseeinheiten wie die Cellulose besteht, ist dagegen biologisch abbaubar (Tab. 4.10).

Tab. 4.11 Verwendung nativer Schäume aus Fettsäureestern

Schaum 1	Verwendung 2	Bemerkung 3
[1] FSE Füllstoff frei	Isolierschaum	In situ Isolierungen
[2] FSE Füllstoff frei	Verpackungsmaterialien	Biodegradabel
[3] FSE gefüllt, laminiert	Leichtbauteile	Automobilzubehör
[4] FSE ungefüllt	Prothetische Materialien	Körperverträglich
[5] Recyclat aus 1 bis 4	Substrat für Kulturpflanzenanbau	Torfersatz

FSE Fettsäueglycidester

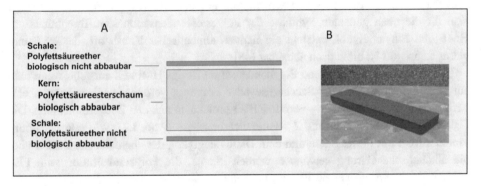

Abb. 4.6 Schichtaufbau eines biologisch abbaubaren Schaumstofflaminate A Schichtmodell, B Kofferraumabdeckung für die Fa. AKT Gardelegen (2009), Größe: 18 * 29 * 4 cm

Besonders problematisch ist wegen der großvolumigen Abfallmenge die Beseitigung von Isolierschäumen aus Polystyren. Zwar existiert für diesen Schaumstoff ein Recyclingverfahren. Es wird aus Gründen zu hoher Transportkosten, man transportiert eigentlich nur Luft, aber sehr wenig Polymermasse, nicht angewendet. Prinzipiell lassen sich native Schäume jedoch auch aus aliphatischen Vernetzern und nativen Epoxiden herstellen. Das Aufschäumen erfolgt durch gezielte Zugabe von H_2O im Polymerisationsprozess unter Mikrowelleneinstrahlung. Um diese Schäume in technischen Werkstoffen einsetzen zu können, muss ihre Oberfläche mit einer dünnen Schutzschicht von Polyetherepoxiden vor der frühzeitigen biologischer Zersetzung geschützt werden (Abb. 4.6).

Die Schichtdicke beträgt nur einige Mikrometer. Diese Schutzschicht bildet zugleich durch ihre glatte Oberfläche eine Barriere gegen das Entflammen des Schaumes. Das Material verkohlt bei Wärmeeinwirkung. Die dabei entstehende Kohlenstoffschicht bewahrt eine Zeit lang den Abbrand des Schaumes. Beim Recycling des Isoliermaterials wird durch das Schreddern die Schutzschicht zerstört und das Material kann sich organisiert zersetzen. Dieser native Schaum besitzt gegenüber dem Polystyrenschaum mehrere ökologische Vorteile. Es wird kein brennbares Gas zum Aufschäumen verwendet und auch kein Flammschutzmittel benötigt. Die Hauptmenge des Materials ist biologisch abbaubar, könnte aber auch upcycelt als Substrat zum Kulturpflanzenanbau genutzt werden (Tab. 4.11, Zeile 5).

4.4.2 Native Kunststoffflaschen auf Zuckerbasis

PET, ein durch Polykondensation von Terephthalsäure und Ethylenglykol gewonnener thermoplastischer Polyester, dient vorzugweise zur Herstellung von Getränke-flaschen. Obwohl die Flaschen mehrfach mechanisch recycelt werden, gelangen erheb-liche Mengen in die Meere. Wie in Abschn. 4.4.1 dargestellt, ist PET nicht biologisch abbaubar, d. h. die PET-Flaschen schwimmen auf den Meeresoberflächen. Verwendet man für die oben genannte Synthese der Polyesterkondensation statt Terephthalsäure **HMF** und Ethylenglykol, entsteht ein nativer, aliphatischer Kunststoff, das **PEF** und dieser Kunststoff ist biologisch abbaubar [48].

Basischemikalie für die neue Polykondensation ist das HMF. Es entsteht, wenn man auf Hexosen, also z. B. auf Saccharose oder Fruktose, verdünnte Mineralsäuren ein-wirken lässt durch Abspaltung von drei H_2O-Molekülen aus den Zuckermolekülen. Die Oxidation von HMF ergibt die 2,5-Furandicarbonsäure (Abb. 4.7). Wie alle Dicarbon-säuren erfolgt mit dieser Säure und dem Diethylenglykol, der ebenfalls aus Zucker über die alkoholische Gärung gewonnen werden könnte, die Polykondensation zum PEF (Abb. 4.8). Erwartungsgemäß liegen die Treibhausgasemissionen bei der PEF-Synthese

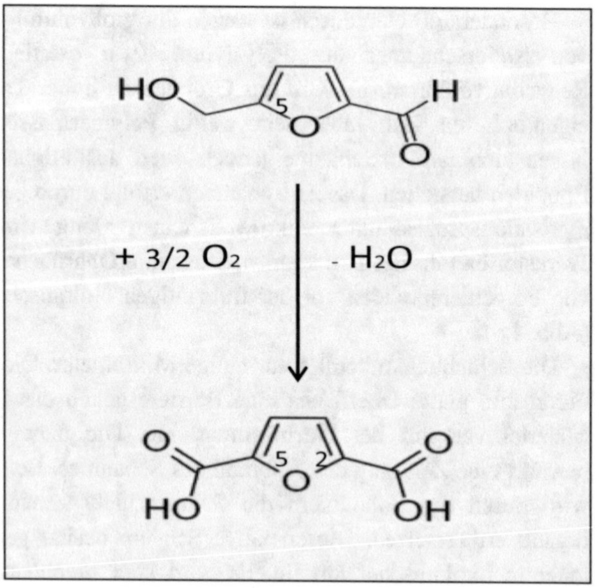

Abb. 4.7 Katalytische Oxidation von 5-Hydroymethylfurfurol zur 2,5-Furandicarbonsäure

Abb. 4.8 Struktureinheit vom PEF

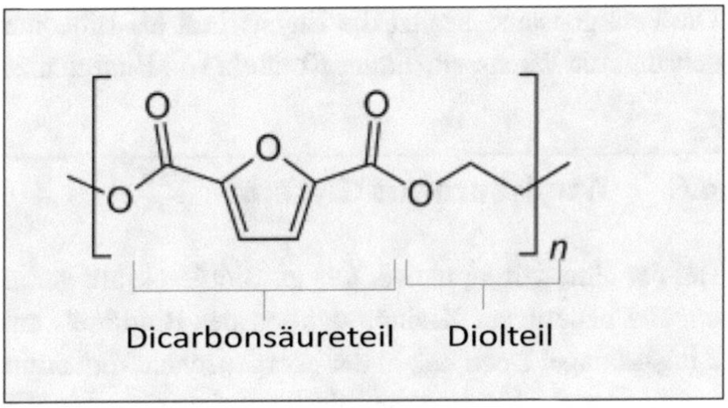

Dicarbonsäureteil   Diolteil

niedriger als beim PET. Der Energiebedarf bei der PEF-Synthese beträgt sogar nur 50 bis 60 % dessen von PET [49].

4.5 Bioherbizid aus Rapsöl

Unterwirft man ω-9-Fettsäuren, z. B. Eruca- oder Ölsäure einer Oxydation mit H_2O_2 in Gegenwart von NaOH, erhält man als Reaktionsprodukt **Pelargonsäure** [42]. Für die oxydative Ölsäurespaltung gilt:

$$CH_3(CH_2)_7HC = CH(CH_2)_7COOH + 4H_2O_2 \rightarrow CH_3(CH_2)_7COOH$$
$$+ HOOC(CH_2)_7COOH + 4H_2O \tag{4.16}$$

Es entsteht bei dieser Spaltung neben der Pelargonsäure auch die Azelainsäure, eine Dicarbonsäure. Das Ausgangsprodukt kann durch Fettspaltung aus dem Olivenöl oder dem Rapsöl gewonnen werden In der **LEAR**-Rapssorte sind 50 bis 65 % Ölsäure enthalten, d. h. Rapsöl eignet sich als Rohstoff zur Pelargonsäuregewinnung besonders gut.

Abb. 4.9 Natives Tensid aus Zucker und Fettalkohol

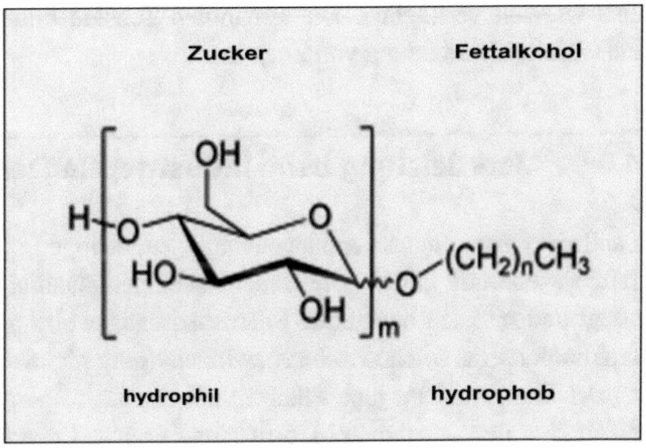

Die Pelargonsäure besitzt die Eigenschaft als Biokontaktherbizid zu wirken. Die Säure schädigt die Wachsschicht der Kutikula von Blattpflanzen.

4.6   Acrylsäure aus Glycerin

Bei der Umesterung nativer Öle zu Biodiesel fällt gemäß Gl. 4.6 als Byprodukt Glycerin an. Bei bäuerlicher Kleinproduktion des Biodiesels entsorgt man das Glycerin in einer Biogasanlage. Doch neben der energetischen Verwertung existiert noch eine interessante chemische. Spaltet man thermisch aus dem Glycerin Wasser ab, erhält man Acrolein:

$$C_3H_5(OH)_3 \xrightarrow{T} CH_2{=}CH{-}CH{=}O + 2H_2O \tag{4.17}$$

Durch Oxydation des Acroleins entsteht Acrylsäure. Sie kann zu Polyacrylaten polymerisiert werden oder mit nativen Epoxiden zu Polyestern vernetzen. Beide Polymere lassen sich als Anstrichmittel oder Beschichtungsstoffe einsetzen. D. h. Polyacrylate ließen sich frei von petrochemischen Vorstufen allein auf pflanzlicher Basis gewinnen. Technisch wird die genannte Synthese allerdings noch nicht genutzt.

4.7   Zucker als Rohstoff zur Tensidherstellung

Tenside bestehen aus einem **hydrophilen** und einem **hydrophoben** Molekülteil. Sie verringern die Oberflächenspannung zwischen den Molekülen unterschiedlicher Phasen, z. B. Öl und Wasser und wirken dadurch dispergierend. Native Tenside lassen sich durch Veretherung von Sacchariden mit Fettalkoholen gewinnen. Dabei bilden sich Alkylpolyglykoside (Abb. 4.9), in denen der Zuckerrest die hydrophile und der Fettalkohol die hydrophobe Molekülstelle bilden. Alkylpolyglykoside werden vollständig aus nachwachsenden Rohstoffen den Zuckern aus Zuckerrohr oder Rübenzucker sowie Palmöl hergestellt. Sie dienen als Waschmittel, Geschirrspülmittel oder Reinigungsmittel. Alkylpolyglykoside bauen in den Klärwerken schnell und vollständig ab, sind also Umwelt verträglich. Die genannten Tenside bilden derzeit das Hauptprodukt der industriellen Verwertung von Zuckern.

4.8   Marktleistung beim Industriepflanzenanbau

Landwirte zum Industriepflanzenanbau zu zwingen, war in Kriegs- und Nachkriegszeiten wiederholt üblich. Die Bauern bekamen staatlicherseits ein sogenanntes Soll auferlegt und mussten bestimmte Pflanzen zwangsweise anbauen. In einer Marktwirtschaft funktioniert eine solche Zwangsbewirtschaftung nicht.

Der Landwirt baut jene Pflanzen an, die auf seinem Acker wachsen können und für die er eine ihm genehmen Marktleistung erzielt. Ende der 90-er Jahre des 20. Jh. wurde der Drachenkopf Lallemantia iberica von der **TLL** in Dornburg als Industriepflanze zum Anbau vorgeschlagen [45, 46]. Ursprünglich stammt die Pflanze aus der Kaukasusregion und sollte dort als Ölpflanze zur Margarineherstellung genutzt werden. Wegen der enthaltenen Bitterstoffe war diese Nutzungsidee zunächst nicht praktikabel. Auch eine Verwendung als Energiepflanze kam wegen des sehr hohen Gehaltes an Linolensäure und der damit verbundenen Rußbildung bei der Verbrennung nicht in Betracht. Dennoch handelte es sich gerade wegen des außergewöhnlich hohen Linolensäuregehaltes um eine sehr wertvolle Industriepflanze, die bevorzugt zur Synthese nativer Epoxide, wie in Abschn. 4.3 gezeigt, einsetzbar ist.

Für den Anbau von Drachenkopf eignen sich leichte, humushaltigen Böden. Doch diese Böden waren für den Anbau von Brotgetreide, der Roggenpflanze, vorgesehen. Ein großflächiger Anbau von Drachenkopf war erst dann organisierbar, als die Marktleistungen beider konkurrierender Pflanzen zugunsten des Drachenkopfes entschieden werden konnte. Die außergewöhnliche kurze Vegetationszeit des Drachenkopfes brachte den Ausschlag zugunsten der Ölpflanze. Sie ist vom Breitengrad des Anbaufeldes abhängig und beträgt zwischen 90 bis 120 d. Auch in Mitteldeutschland schafft man in trockenheißen Sommern den Anbau in etwa drei Monaten. Ackerland um den 45. Breitengrad produziert den Drachenkopf mit guter Qualität immer in <90 d. Deshalb wurden mit Beitritt der Republik Rumänien zur EU der Anbau des Drachenkopfes in dieses Land verlegt. Aber auch um den 51.Breitengrad lassen sich durch geschickte Wahl von Vor- und Nachfrucht gute Marktleistungen beim Drachenkopfanbau erzielen (Tab. 4.12, Zeile 5), zumal die Kosten für die Düngung und den Pflanzenschutz bescheiden klein ausfallen (Tab. 4.12, Zeilen 6 und 7). Heute besitzt das von Bitterstoffen freie Drachenkopföl wegen seines hohen ω-3-Fettsäureanteils als Nahrungsmittel quasi Kultstatus. Eine für den Landwirt befriedigende Marktleistung wird durch die Nahrungsmittelproduktion per se erreicht.

Tab. 4.12 Anbautelegramm für Lallemantia iberica

Kriterium	Parameter	Bemerkung
[1] Klima	Keine besonderen Ansprüche	
[2] Boden	pH $\geq$ 7, keine stauende Nässe	Sandige, humöse Roggenböden
[3] Fruchtfolge	Keine Ansprüche auf Vor- oder Nachfrucht	
[4] Aussaat	18 kg/ha bei Bodentemperaturen >2 bis 3 °C	Günstig für frühe Aussaat
[5] Vegetationszeit	90–120 d	Vor- und Nachfruchtanbau
[6] Pflanzenschutz	Keine Herbizide, da schnell wachsend	Keine Zusatzkosten
[7] Düngung	20–30 kg/ha	
[8] Ertrag	20 dt/ha	Relativ gering

Energieeinsparungen bei kommunalen Ver- und Entsorgungsprozessen

5

In den vorangegangenen Kapiteln dominierten Darlegungen zur Klima neutralen Gewinnung von Energien sowie der Bereitstellung von nativen Industrierohstoffen. Im Weiteren werden Energieeinsparungen für einige lebenswichtige Prozesse diskutiert.

5.1 CO_2-neutrale Reststoffentsorgung

In den nächsten Jahrzehnten fallen Kohlenstoff haltige Reststoffe noch in Mio. t/a u. a. in Form von Hausmüll an. Bei der Hauptmenge handelt es sich dabei sowohl um Altholz jeder Art, ein- oder mehrfach recycelte Kunststoffmaterialien, aber auch um jene Plastikabfälle, die illegal in den Ozeanen gelandet sind und geborgen werden müssen. Die Entsorgung erfolgt thermisch. Im Jahre 2013 betrug z. B. die zu entsorgende Menge an Reststoffen in der Bundesrepublik Deutschland ca. 19,7 Mio. t [50]. Vorteilhaft bei der Müllverbrennung ist die Nutzung der thermischen Energie zur Wärme- bzw. Elektrizitätsgewinnung. So produzierten im Jahre 2018 die Abfallverbrennungsanlagen immerhin etwa 4 TWh, also fast 1 % der Elektrizitätsmenge des Landes.

Nachteil und zunehmend durch die CO_2-Bepreisung mit steigenden Kosten verbunden, sind die bei der Abfallverbrennung auftretenden CO_2-Emissionen. Sie lassen sich zukünftig entweder bei hinreichender Versorgung mit Elektrolysewasserstoff durch Hydrierung des Zwangsabfalls CO_2 oder durch Substitution der Müllverbrennung durch eine Müllpyrolyse unter Verwendung von Braunkohle vermeiden.

Bei Altanlagen zur Müllverbrennung betreibt man investitionssparend die CO_2-Reduzierung nicht mit dem Abgas der Verbrennungsanlage selbst, sondern mit einer separaten Station unter Verwendung des CO_2 aus der Luft mit dem System Synfire Synlink [53]. Dadurch vermeidet man eine Kosten intensive Abtrennung des CO_2 aus dem Verbrennungsgas.

© Der/die Autor(en), exklusiv lizenziert durch Springer Fachmedien Wiesbaden GmbH, ein Teil von Springer Nature 2021
B. Adler et al., *Energie- und Produktionswende im ländlichen Raum*,
https://doi.org/10.1007/978-3-658-33444-4_5

Zur Verwertung der Hydrierprodukte bieten sich zwei Synthesestrategien an. Entweder setzt man das CO_2 mit elektrolytisch gewonnenem Wasserstoff zu Methanol um (Abb. 5.1, Variante A) oder zu Methan, wie bereits in Gl. 2.2 dargelegt. Möchte man Methanol gewinnen, benötigt man gemäß Gl. 4.9 zur Reduktion von 1 Mol CO_2 3 Mol H_2, bzw. mit 1 Nm^3 H_2 können 0,654 kg CO_2 reduziert werden:

$$1\,Nm^3\,H_2 = 89{,}28\,g\,H_2 = 654{,}1\,g\,CO_2. \tag{5.1}$$

Technisch kommen für die CO_2-Konvertierung Feststoffoxid-Brennstoffzellen zum Einsatz. Die Systemlösungen [51, 52] hierfür bietet die Fa. Synfire an; sie wurden in Kap. 2 vorgestellt (Tab. 2.4).

Basiseinheit bildet das Sunfire Hylink, eine Wasserdampf-Hochtemperatur-Elektrolysezelle zur H_2-Gewinnung (Abb. 5.2). Welche Hydrierung für die CO_2-Reduzierung in der Praxis zur Anwendung eingesetzt wird, entscheidet die örtliche Infrastruktur. Eine Sabatier-Konvertierung zur Methangewinnung, kommt aus ökonomischen Gründen, wie im Kap. 3 gezeigt wurde, derzeit bei Müllverbrennungsanlagen eigentlich nur zum Betrieb eines Stützfeuers in Betracht.

Eine Hydrierung zum Methanol wird man dann favorisieren, wenn eine Infrastruktur zur Weiterverarbeitung des Methanols gegeben ist. Tab. 5.1 gibt eine Auswahl chemischer Synthesen mit dem wichtigen organischen Zwischenprodukt Methanol an. Neben der Nutzung des Methanols als Transportenergie in BSZ, für die Herstellung von Biodiesel oder den synthetischen Dieselkraftstoffen, den Oxymethylenethern, existierende mehrere chemische Großsynthesen mit Methanol als Ausgangskomponente (Tab. 5.1, Zeilen 1 bis 3). So bietet sich u. a. die Synthese von Essigsäure nach

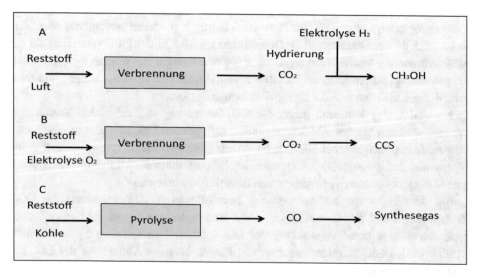

Abb. 5.1 CO_2-neutrale Reststoffbeseitigungen

Abb. 5.2 Modell eines
Festoxid-Zellen-Stapels der Fa.
Sunfire

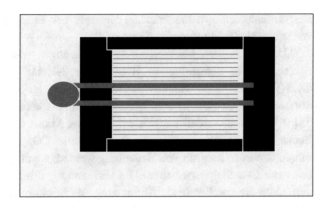

Tab. 5.1 Verwendungsmöglichkeiten für Methanol

Verfahren	Verwendung	Darstellung im Abschnitt
[1] Biodieselherstellung	Umesterungskomponente	4.2.2
[2] synthetischer Diesel	1. CH$_2$O-Herstellung 2. Veretherung	4.2.3
[3] BSZ-Betrieb	Erzeugung von E-Energie	2.3
[4] Drucksynthese mit CO	Essigsäureherstellung	5.1
[5] Formaldehydherstellung	Holzklebstoffe, Formaldehydleime	4.2
[6] Methylmethacrylat	Acrylglasherstellung	
[7] CCS	Extraktionsmittel für CO$_2$-Wäsche	5.1

dem Monsanto-Verfahren an (Tab. 5.1, Zeile 4). Bei diesem Prozess setzt man das Synthesegas CO zusammen mit Methanol zu Essigsäure gemäß Gl. 5.2 und 5.3 um:

$$CO + 2\,H_2 \longrightarrow CH_3OH, \qquad\qquad (5.2)$$

$$CH_3OH + CO \longrightarrow CH_3COOH. \qquad\qquad (5.3)$$

Vor allem dient Methanol zur Herstellung von Holzklebstoffen auf Formaldehydbasis (Tab. 5.1, Zeile 5). Der Formaldehyd wird dabei durch katalytische Oxidation am Ag-Kontakt vom Methanol mit Luftsauerstoff gemäß Gl. 4.10 gewonnen. Trotzt der mutagenen Eigenschaften des CH$_2$O existiert in der Chemie kein kleineres Molekül zum Vernetzen (Verleimen), das in seinen Verarbeitungseigenschaften den Formaldehyd ersetzen könnte. Eine weitere Verwertungen für das Methanol wäre die Synthese von Methylmethacrylat zur Acrylglasherstellung (Tab. 5.1, Zeile 6). Mithin stellt Methanol nicht nur einen leicht zu handhabenden Energiespeicher, sondern auch ein vielseitig nutzbares organisches Zwischenprodukt dar. Bei der Konzipierung von Neuanlagen zur

Reststoffentsorgung sollte man die Nutzung des Elektrolysesauerstoffs zur CO_2-Konvertierung also zukünftig mit einplanen.

Alternativ zu den obengenannten Hydrierungen wäre eine CO_2-Entsorgung durch Speicherung in unterirdischen Hohlräumen denkbar. Diese Technologie nennt man **CCS**-Verfahren. Das Einpressen von CO_2 erfolgt u. a. derzeit versuchsweise in norwegischen Gewässern von Nord- und Barentsee in ehemaligen Erdgasfeldern [54, 55]. Eingepresst werden jährlich ca. 0,8 bis 1 Mio. t CO_2 und der Verbleib des Gases in den Erdformationen untersucht. Bei steigender CO_2-Bepreisung könnte das CCS-Verfahren dann ökonomisch von Bedeutung werden, wenn es gelingt, die Verfahrenskosten unter der CO_2-Steuer zu halten. Die Verbrennung des Restmülls mit reinem Sauerstoff vermeidet die anschließende Abtrennung des Stickstoffes aus dem Verbrennungsabgas (Abb. 5.2, Variante B). Dieser Arbeitsschritt zur Reduzierung der Gasmengenge ist für eine CO_2-Entsorgung nach dem CCS-Verfahren notwendig.

Bei der Abfallentsorgung durch Pyrolyse (Abb. 5.3) umgeht man die CO_2-Bildung, indem man die C-haltigen Abfälle unter reduziertem Luftzutritt und Zusatz von Braunkohlenstaub zu CO-Synthesegas:

$$\textbf{C} + \textbf{1/2 O}_2 \longrightarrow \textbf{CO} \tag{5.4}$$

umwandelt (Abb. 5.1, Variante C). Das Synthesegas lässt sich mittels Fischer-Tropsch-Hydrierungen zu Kohlenwasserstoffen, Olefinen oder Alkanolen hydrieren. Je nach vorgelegtem CO/H_2-Verhältnis und Katalysatorzusammensetzung entstehen gesättigte, gasförmige bis feste Kohlenwasserstoff, z. B.

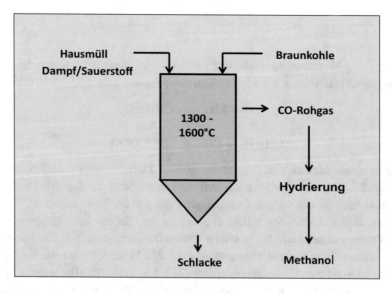

Abb. 5.3 Müllpyrolyse zu Synthesegaserzeugung [55]

Paraffine:

$$n\,CO + (2n + 1)H_2 \longrightarrow C_nH_{2n+2} + n\,H_2O \tag{5.5}$$

Olefine:

$$n\,CO + 2n\,H_2 \longrightarrow C_nH_{2n} + n\,H_2O \tag{5.6}$$

oder gesättigte Alkanole:

$$n\,CO + 2n\,H_2 \longrightarrow C_nH_{2n+1}OH + (n - 1)\,H_2O. \tag{5.7}$$

Der Vorteil des Verfahrens besteht darin, dass alle C-haltigen Substanzen und Reststoffe wie Stein- und Braunkohle, Holz, Stroh, oder eben Hausmüll sich als potenzielle Rohstoffe zur CO-Herstellung durch Vergasung eignen. Modellhaft wurde von der Fa. Sustec AG in Spreetal auf dem Gelände des ehemaligen Gaskombinates Schwarze Pumpe ein Pyrolyseverfahren zur Hausmüllentsorgung entwickelt und technisch erprobt (Abb. 5.3, rechts unten). Man vermischte Hausmüll mit gemahlener Braunkohle und pyrolysierte bei reduzierter Luftzufuhr bei > 1300 °C in einem sogenannten Schlackenbadreaktor. Leider war das aus dem Pyrolysegas gewonnene Methanol um 1 bis 2 Cent pro Liter teurer als jenes auf Erdölbasis produzierte. Das Verfahren wurde deshalb eingestellt. Mit der Bepreisung von CO_2 im Jahre 2021 mit 25 €/t CO_2 steht die Pyrolyse als Alternative zur zukünftigen Restmüllbeseitigung optional wieder zur Diskussion. Für die Braunkohlentagebaue wäre das Pyrolyseverfahren nach der Einstellung der Kohleverstromung zudem ein Absatzmarkt für Rohbraunkohle.

5.2   Klärschlammaufarbeitung zur N- und P-Düngemittelgewinnung

Die Klärschlammverordnung schreibt ab 2029 für Kommunen mit 100 T Einwohnereinheiten und für das Jahr 2032 für jene mit 50 T Einwohnereinheiten die Umrüstung der Klärwerke für eine Phosphat-Rückgewinnung vor [56]. In Deutschland werden in den genannten Zeiträumen 580 Kläranlagen von der Umrüstung betroffen sein. Die Vorgabe basiert sowohl auf dem Verbot unbehandelten Klärschlamm auf die Ackerflächen auszubringen, als auch auf der Verknappung von Rohstoffen zur Herstellung künstlicher Düngemittelphosphate. Derzeit existieren verschiedene Verfahren zur Phosphorrückgewinnung aus kommunalen Klärschlämmen. Das **Struvit**-Verfahren [57, 58] ist für den Betrieb von Großanlage technisch ausgereift und auch insofern besonders erwähnenswert, weil es zusätzlich zum P dem Ackerboden die Nährstoff-Elemente N und Mg in Form des Ammonium-Magnesium-Phosphat bereitstellt. D. h. durch Fällung des flüssigen Klärschlamms mit $MgCl_2$ einem Abprodukt der Kali-Industrie, kann ein recht wertvoller Kunstdünger gewonnen werden:

$$NH_4^+ + Mg^{2+} + PO_4^{3-} + 6\,H_2O \longrightarrow NH_4MgPO_4 * 6\,H_2O \downarrow. \tag{5.8}$$

Bei der Struvitfällung (Abb. 5.4) werden folgende ökologische Problemfelder bearbeitet:

- die P-Rückgewinnung,
- die Nutzung des Zwangsanfalls $MgCl_2$ aus der Kali-Industrie,
- eine N-Gewinnung und damit Verringerung des Harnstoffverbrauches und
- damit verbunden die Verringerungen sowohl des Energieverbrauches und der CO_2-Emissionen bei der Harnstoffproduktion sowie
- die Verringerung des N-Eintrages in Trinkwasserleiter.

Magnesiumchlorid entsteht als Abprodukt der Düngesalzproduktion bei der Umsetzung der Mineralsalze KCl (Carnallit) und $MgSO_4$ (Kieserit):

$$2\,KCl + 2\,MgSO_4 \longrightarrow K_2SO_4 * MgSO_4 + MgCl_2 \qquad (5.9)$$

zum Düngesalz Kalium-magnesium-sulfat. Für das Abprodukt $MgCl_2$ hat man wenig Verwendung und eine Einleitung in die Flüsse, z. B. die Werra ist derzeit nur noch mit limitierten Sondergenehmigungen möglich.

Aus ökologischer Sicht besonders wertvoll an der Struvit-Fällung ist das parallele Ausfällen der NH_4-Ionen. Ein Mal werden aus dem Abwasser die toxischen NH_4-Ionen beseitigt. Zum Anderen findet der an sich wertvolle Stickstoff als Düngemittel eine Wiederverwertung. Immerhin benötigt man zur Herstellung von 1 t Harnstoff 3,9 bis 6,63 MWh an Energie. Diese sehr hohe Energiemenge muss durch die NH_3-Gewinnung bei der Hydrierung von Luftstickstoff aufgebracht werden. Entsprechend groß sind aber auch die CO_2-Emissionen von 0,79 bis 1,32 kg CO_2 pro kg Harnstoff. Theoretisch könnten in Deutschland aus den 2,43 Mio. t Klärschlamm ca. 3 bis $12 * 10^4$ t Ammonium-magnesium-phosphat gewonnen werden. Das entspräche allein bei der Harnstoffproduktion einer Energieeinsparung von 140 bis 240 GWh pro Jahr.

Erwähnt werden muss auch die unterschiedliche Löslichkeit der beiden N-haltigen Düngemittel. Während der Harnstoff in Wasser leicht löslich ist, fällt der Struvit schwerlöslich im wässrigen Medium aus. Auf Ackerböden ausgebracht wird der Struvit bei Starkregen nicht in tiefer liegende Bodenschichten ausgewaschen und kann nicht in Trinkwasser führende Wasserleiter gelangen. Die mögliche Schwierigkeit an dem an sich recht nützlichen Struvit-Prozess liegt in der Abstimmung der verschiedenen Geschäftspartner von Kali-Industrie, den Abwasserverbänden und den bäuerlichen Betrieben (Abb. 5.4, unterer Teil).

In Kommunen mit einem hohen Anteil an metallverarbeitenden Betrieben fällt mitunter ein Schwermetall belasteter Klärschlamm an. Dann wird eine Aufarbeitung mit Citronensäure zur Komplexierung der Schwermetalle nach dem sogenannten Stuttgarter Verfahren erforderlich. Die elegante Struvitfällung entfällt zwar, aber die Phosphatrückgewinnung ist auch aus solchen Klärschlämmen möglich [57].

Wenn Abwasser in Zukunft zu einer begehrten Rohstoffquelle wird, wandeln sich die Abwasserklärwerke als Verarbeitungsorte zu chemischen Fabriken. Dieser Prozess erfordet nicht nur hohe Investitionen in den Aufbau der verfahrenstechnischen Anlagen,

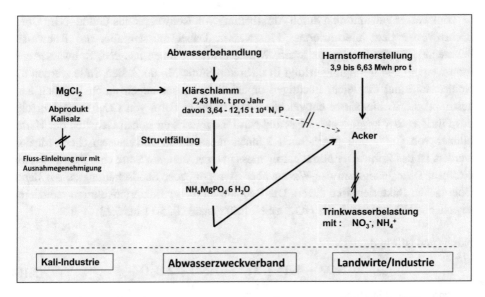

Abb. 5.4 Struvit- Verfahren zur Herstellung von Düngephosphaten aus kommunalen Klärschlämmen

sondern auch in eine entsprechende Prozessanalytik. Doch die Analytik-Investitionen zahlen sich volkswirtschaftlich aus. Mit einer leistungsstarken Analytik kann über die heute üblichen Grenzwertkontrollen für Abwassers hinaus ein regionales Monitoring betrieben werden. Z. B. ließe sich die Verbreitung von Sars-CoV-2 Viren viel schneller und billiger aus Abwasserproben erkennen, als durch flächendeckende Personentests [63]. Schweizer Abwasserspezialisten konnten wenige Infizierte unter 10^5 Einwohnern noch nachweisen. Zwar erkennt man nicht den Einzelnen, weiß aber sofort, ob etwas Anormales abläuft. Für den Beginn von Epidemien kann das einen vorteilhaften Zeitgewinn bedeuten. Ein solches Frühwarnsystem wäre natürlich auch zur Erkennung von illegalem Drogenkonsum einsetzbar.

5.3   Entfernung von Pestiziden bei der Trinkwasseraufbereitung

Trinkwasser stellt das wichtigste Nahrungsmittel dar. Die Verknappung ist weltweit und durch den Klimawandel auch bereits in den gemäßigten Klimazonen zu spüren. Deshalb besitzt die Bereitstellung von Trinkwasser hoher Reinheit und damit die Aufarbeitungsverfahren existenzielle Bedeutung für die Zivilgesellschaft. Um dieser Qualitätsanforderung Genüge zu leisten, scheint es zwingend erforderlich, den derzeitigen Pestizideintrag in der Landwirtschaft vor allem in Trinkwasserschutzgebiete deutlich zu senken.

Trinkwasser gewinnt man durch Aufarbeitung von Rohwasser aus Grund- oder Ober-
flächenwasser bzw. uferfiltriertem Flusswasser. Dabei müssen alle, das Rohwasser
belastenden Pestizide oder toxischen, Wasser löslichen Ionen aus dem Rohwasser entfernt werden. Die Reinigung erfolgt in mehreren Stufen. In der ersten Stufe werden die
Kohlensäure und die leicht flüchtigen organischen Verbindungen durch Belüften aus-
gestrippt; die **Kohlensäure** entweicht im Luftstrom in Form von CO_2. Danach erfolgt
das Filtrieren der ausgeflockten Fe- und Mn-Ionen. Bei sehr hohen Gehalten der Härte-
bildner von Ca^{2+}- und Mg^{2+}-Ionen können diese durch Ionenaustauscher reduziert
werden. Ist das Rohwasser Nitrat haltig, muss in einer weiteren Stufe eine Denitrifikation
erfolgen, Dazu leitet man das Wasser über Styropor- oder Sandschüttungen, auf deren
Oberflächen Bakterienrasen sitzen. Die Reduktasen dieser Bakterienkulturen reduzieren
sowohl das NO_3^- als auch das NO_2^- zu N_2 [60] gemäß Gl. 5.11 bis 5.13:

Nitrat- und Nitritreduktase

$$NO_3^- + 4\,H^+ + 3\,e^- \longrightarrow NO + 2\,H_2O \tag{5.10}$$

Stickstoffmonooxid-Reduktase

$$2\,NO + 2\,H^+ + 2\,e^- \longrightarrow N_2O + H_2O \tag{5.11}$$

Distickstoffmonooxid-Reduktase

$$N_2O + 2\,H^+ + 2\,e^- \longrightarrow N_2 + H_2O \tag{5.12}$$

Von der Atacamawüste im Norden Chiles abgesehen, gibt es auf der Erde keine Nitrat
haltigen Mineralien. Nitrat im Grundwasser hat also immer anthropogene Ursachen. In
Deutschland ist es der viel zu hohe Einsatz von Stickstoffdüngemitteln. Etwa ein Drittel
des Grundwasseraufkommens ist mit Nitrat belastet.

Schließlich werden pathologische Keime durch Behandlung des Rohwassers mit
UV-Strahlung oder durch Ozonisierung entfernt. Immer handelt es sich um Oxidations-
prozesse, die zur Abtötung der Mikroorganismen führen. Im Falle der Ozonisierung
wirkt das Diradikal, * O *, also das freie O-Atom, besonders reaktiv auf organische
Materie ein. Atomarer Sauerstoff bildet sich beim spontanen Zerfall des **Ozons** gemäß
Gl. 5.13:

$$O_3 \leftrightharpoons O_2 + \quad O \tag{5.13}$$

Natürlich werden nicht nur lebende, sondern auch nichtleben organische Materie
oxidierend angegriffen und zerstört, D. h. durch die Ozonisierung u. a. ein Teil der
Pestizide oder ihre metabolisierten Rückstände.

Nun könnte man wieder Energiebetrachtungen für die Prozesse gemäß Gl. 5.10–
5.13 anstellen, um das Einsparpotenzial bei Nitrat- und Pestizid belastetem Rohwasser
zu ermitteln. Doch Energiebilanzen bilden im Falle der Trinkwasseraufbereitung nur
marginale Größen gegenüber jenen volkswirtschaftlichen Schäden, die durch nicht
vollständige Beseitigung unerwünschter Inhaltsstoffe entstehen. So verursacht die

übermäßige Applizierung von Antibiotika sowohl in der Human- bzw. Veterinärmedizin als auch in der Verfütterung bei der Massentierhaltung die Bildung resistenter Keime. In Europa führt das zu ca. 33 000 Tote pro Jahr, die bei Infektionen einfach nicht mehr therapierbar sind [61, 62]. Die Beseitigung solcher Kontaminationen gelingt mit dem Aufbau einer vierten Reinigungsstufe für die Abwasserklärwerke bei den städtischen Abwässern, das aber nur mit hohem Aufwand für den Einsatz von Aktivkohlefiltern. Wesentlich kostengünstiger wäre die Beseitigung der Antibiotika dort, wo sie mit der Gülle ausgebracht werden, auf dem Acker durch das Ansiedeln von Bakterienkulturen, die speziell auf die Verstoffwechselung von Antibiotika gezüchtet sind. Doch solange Herbizide in großen Mengen auf den Acker ausgebracht werden, ist eine solche Forschung zwar sinnvoll, nicht aber der praktische Einsatz dieser Bakterienkulturen auf dem Acker. Sie würden noch in der gleichen Vegetationsperiode zu einem hohen Anteil umgehend vernichtet. Es bleiben deshalb nur Anwendungsbeschränkungen bis hin zu Verboten von Antibiotika in der Massentierhaltung einschließlich einer Verringerung des Herbizideinsatzes. Man nimmt damit leider in Kauf, dass ein nicht geringer Anteil der in der Landwirtschaft eingesetzten Pestizide, Hormone und Antibiotika über die Trinkwasserleiter direkt in die Trinkwasserwerke gerät. Nun wäre es ungerecht, allein die Landwirte für Trinkwasserkontaminationen verantwortlich machen zu wollen. Vielmehr zwingen der exaltierte Fleischkonsum aller Bürger und das Preisdiktat der Lebensmittelketten die Bauern durch Chemikalien und Antibiotika immer höheren Erträgen zu generieren. Und auch die Rückstände von ca. $630 * 10^3$ t/a Haushaltschemikalien allein in der Bundesrepublik Deutschland gelangen über den Wasserkreislauf in Spuren in das Trinkwasser zurück. Deshalb muss auch die Masse der Haushaltschemikalien in Art und Menge deutlich reduziert werden. Es scheint realistisch und ist zugleich sehr Kosten sparend mit wenigen Grundchemikalien wie z. B. mit Essigsäure, Citronensäure, Spiritus, Kernseife und Soda Umwelt freundlich im Haushalt zu putzen [59]. Den Landwirten könnte es allerdings mit der Bildung von Agrar-Energie-Komplexen gelingen, sich aus der Massentierhaltung zu verabschieden und eine neue Existenzgrundlage mit der Energiegewinnung aufzubauen.

Technologieänderungen zur Energieeinsparung

6

Wenn in Zukunft der Landwirt neben der Nahrungsmittelproduktion sowohl Energie als auch Industriepflanzen erzeugen soll, stellt sich sofort die Frage nach der Verfügbarkeit von Ackerflächen, zumal die landwirtschaftlichen Nutzflächen durch den Bau von Straßen und Industrieanlagen jährlich kleiner werden. Deshalb muss die Sinnhaftigkeit der derzeitige Nutzung von Ackerland hinterfragt werden. Ist es z. B. wirklich notwendig, den Futtermittelanbau, der immerhin 60 % der gesamten Ackerfläche beansprucht, mit all seinen negativen Nebenerscheinungen wie Überdüngung der Böden, Trinkwasserkontaminationen und Übergewichtigkeit der Bevölkerung, letztlich mit einer Übernutzung des ländlichen Raumes weiter so wie bisher zu betreiben? Was könnte man beim heutigen Stand der Technik am Energieverbrauch sparen und auf welche Produktionen muss man gegebenenfalls gänzlich verzichten? Diese Fragen, natürlich auf den ländlichen Raum fokussiert, soll an ausgewählten Beispielen im Weiteren diskutiert werden.

6.1 Neue, Energie sparende Verarbeitungstechnologien

Ein nicht unwesentlicher Beitrag zur Bewältigung der Energiewende besteht in der Einführung neuer, Energie effizienterer Technologien. Mit der Inkraftsetzung der CO_2-Bepreisung ab Januar 2021 ist für viele Betriebe ein Regulativ zur Energieeinsparung gegeben. Für einige Branchen reicht ein Nach- oder Umrüsten der bestehenden Technik jedoch nicht. Sie orientieren langfristig auf der Anwendung völlig neuer Herstellungstechnologien, wie z. B. die Zementindustrie oder die Metallurgie (Tab. 6.1, Zeilen 1 und 2), denn der CO_2-Ausstoß in beiden Branchen ist überdurchschnittlich hoch. Allein die Zementindustrie emittiert jährlich mehr als 10^9 t an CO_2, das entsprach im Jahre 2019 etwa 6,9 % der weltweiten CO_2-Emission [65]. Die hohen Emissionen bei der Zementherstellung

© Der/die Autor(en), exklusiv lizenziert durch Springer Fachmedien Wiesbaden GmbH, ein Teil von Springer Nature 2021
B. Adler et al., *Energie- und Produktionswende im ländlichen Raum*,
https://doi.org/10.1007/978-3-658-33444-4_6

resultieren nicht allein aus den Verbrennungsprozessen in den Drehrohröfen, sondern auch aus der thermischen Behandlung des Rohmaterials Kalkstein. $CaCO_3$ zerfällt thermisch unter Bildung von CaO mit Freisetzung von CO_2. Dabei existieren seit fast 2000 Jahren Bauwerke, die in der Antike aus **Puzzolan**zement hergestellt wurden. Bei der Zubereitung dieses römischen Betons vermischte man gemahlene, SiO_2-haltige Puzzolanerde mit Wasser. Durch Zugabe katalytisch kleiner Mengen von gebranntem Kalk, dem Katalysator, CaO, kommt es zur Polymerisation und Bildung sogenannter **Geopolymere**. Sowohl neuartige Abbindeprozesse als auch die Umrüstung auf H_2 Befeuerung beim Brennprozess sind die Technologieänderungen in der Zementproduktion (Tab. 6.1, Zeile 1).

Der Einsatz von Wasserstoff anstelle von Kohlenstoff als Reduktionsmittel bei der Erzverhüttung wird von der metallurgischen Industrie mit staatlicher Förderung intensiv vorangetrieben. Am 18.11.2020 konnte die weltweit erste Eisenhütte in Schweden die neue Wasserstofftechnologie in Betrieb nehmen. Es handelt sich um ein Gemeinschaftsprojekt der Firmen **LKAB, SSAB** und **Vattenfall**. Die genannten Firmen tragen die enormen Kosten der Umrüstung gemeinsam mit staatlicher Förderung. Der grüne Wasserstoff wird für das schwedische Werk aus Ökostrom sowohl von Windkraftanlagen als auch aus Pumpspeicherkraftwerken bereitgestellt (Tab. 6.1, Zeile 2).

Tab. 6.1 Energiesparende, neue Technologien

Produktions-gebiet	Derzeit	Zukünftig	Einsparung von	Abschnitt
[1] Zementindustrie	Brennen mit C	Geopolymere, H_2-Befeuerung	Energie+CO_2 Defossilierung	
[2] Metallurgie	C-Reduktion mit C	Reduktion mit grünem H_2	CO_2 Defossilierung	
[3] Transport	Dieselantrieb	elektrisch mit BSZ	CO_2, Dieselöl	Abschn. 2.4
[4] Müllverbrennung	Verbrennung	CO_2-Konvertierung, Pyrolyse	CO_2 Energie+CO_2	Abschn. 5.1 Abschn. 5.1
[5] Landwirtschaft	Herbizide	mechanische Unkrautbekämpfung	CO_2+ Chemikalien	Abschn. 6.2
[6] Landwirtschaft	Intensivtierhaltung	Freilandhaltung	Energiegewinnung+CO_2	Abschn. 2.7.1, 6.3
[7] Chemie	Glykole aus EO petrochemisch	Glykole aus Holz	Energie+CO_2 Chemikalien	
[8] Chemie	EO petrochemisch	Ölpflanzen+H_2O_2	Energie+CO_2	Abschn. 4.3
[9] Brotbacken	thermisch	Ohmsches Backen	Energie+CO_2	Abschn. 6.1

Die Umrüstung nicht elektrifizierter Bahnstrecken von Dieselfahrzeugen auf den elektrischen Betrieb durch H_2-Brennstoffzellentechnik hat bereits 2019 mit dem Probebetrieb auf der Strecke Buxtehude-Cuxhaven begonnen. Die Gesamtsubstitution von Dieselkraftstoff bei der DB würde sich auf 300 kt/a belaufen und zu einer entsprechend hohen CO_2-Einsparungen führen (Tab. 6.1, Zeile 3). Die Umrüstung der Triebfahrzeuge auf BSZ-Betrieb stellt zwar im Vergleich zum Aufbau der Elektromobilität für die CO_2-Bilanz eher einen kleinen Beitrag dar. Aber die genannte Technologieänderung ist mit relativ geringem Aufwand zu realisieren. Die Elektrifizierung mit Oberleitungsbetrieb wäre mit ungleich höheren Materialkosten und damit auch CO_2-Emissionen verbunden. Dieser Hinweis scheint in Hinsicht auf Technikumstellungen in anderen Branchen notwendig. Man kann nicht abrupt die gesamte Wirtschaft CO_2-neutral umgestalten, auch wenn sich technische Alternativen mitunter bereits anbieten.

Die Reststoffentsorgung durch Verbrennung ist mit CO_2-Emissionen verbunden. Die Reduzierung der Emissionen wurde bereits in Kap. 5 ausführlich abgehandelt (Tab. 5.2 und 6.1, Zeile 4).

Die Landwirtschaft gehört zwar nicht zu den Branchen hoher CO_2-Emissionen (Tab. 8.2, Zeile 5), ist jedoch gemäß Klimaschutzbericht der EU mit etwa 9 % am Klimawandel beteiligt. Denn neben CO_2 werden noch zwei weitere klimawirksame Gase, das N_2O und das CH_4 in ziemlich hohen Mengen emittiert [66]. Letztgenannte Gase wirken sogar 300 bzw. 23 Mal stärker als das CO_2. Die Emission von N_2O und CH_4 ist mittelbar und unmittelbar mit der Tierhaltung verbunden (Tab. 6.2, Zeile 3 und 4). So entsteht das CH_4 durch Fermentation in den Mägen der Wiederkäuer. Die Bildung von Lachgas, N_2O, ist auf den **Nitrifikation**sprozess von Harnstoffdünger im Ackerboden zurückzuführen. Die Verfütterung von Getreide an die Tiere erfordert außerdem viel zu hohe Kunstdüngergaben. Die Produktion von Stickstoffdünger in Form der Harnstoffsynthese trägt mit $0,2 * 10^9$ t/a am CO_2-Ausstoß bei (siehe Abschn. 5.2). Das entspricht etwa 1 %

Tab. 6.2 Klimagase in der Landwirtschaft und denkbare Technologieänderungen

Gas	Emission aus	Technologieänderung	Abschnitt
^{1} CO_2	Ackerschlepper Landmaschinen	Synthetischer Dieselkraftstoff Kleinere Schlepper, Neue Pflegetechnologien Weniger Pflügen	Abschn. 4.2.3
^{2} CO_2	Harnstoffsynthese Herbizidherstellung	Mengenreduzierung durch Klärschlammrecycling Neue Pflegetechnologien, Bioherbizide	Abschn. 5.2 Abschn. 4.5
^{3} CH_4	Fermentation von Wiederkäuern	Reduktion der Rinderhaltung	
^{4} N_2O	N-Düngemittel	Absenkung der Hoftorbilanz Auf 50 kg/ha * a, Weidewirtschaft	Abschn. 2.7.1

der weltweiten Emissionen. Die Intensivtierhaltung sollte deshalb in Kombination mit der Energiegewinnung von Wiesen und Weiden, wie in Abschn. 2.7.1 erwähnt, auf die Weidewirtschaft wieder umgestellt werden (Tab. 6.1, Zeilen 5 und 6).

Die Einführung von neuen, energiesparenden Technologien führt beim Ackerbau in eine Zwickmühle. Einerseits kann man ohne Pflügen durch eine Direktaussaat Treibstoff sparen und dabei sogar den CO_2-Speicher **Humus** im Boden schonen. Aber dieser Landbau ist ohne den Einsatz von **Herbiziden** unmöglich. Das Unkraut würde die Kulturpflanzen überwuchern. Andererseits schädigen Herbizide die Biomasse im Boden. Im Ökolandbau ist deshalb der Einsatz synthetisch hergestellter Herbizide prinzipiell verboten, auch der Einsatz von **Pelargonsäure,** die aus nativen Ölen, wie in Abschn. 4.5 ausgeführt, gewonnen werden kann. Langfristig lässt sich eine Einsparung von Transportenergien im Ackerbau aber durch die Entwicklung kleiner, autonom arbeitender Ackerschlepper sowie durch neue Pflegetechnologien organisieren. Sie werden detailliert in Abschn. 6.3 abgehandelt.

Die Produktion von Ethylenglykol und seinen Folgeprodukten aus dem Rohstoff Holz soll am Standort Leuna bereits im Jahre 2022 aufgenommen werden und stellt eine Alternative zur petrochemischen Ethylenoxidsynthese dar. Die Produkte dienen der derzeit boomenden Karton- und Papierindustrie, sodass die Ausweitung obiger Produktion ökologisch eher als bedenklich angesehen werden muss (Tab. 6.1, Zeile 7). Bei den nativen Epoxiden aus Ölpflanzen handelt es dagegen um vielseitig einsetzbare, ökologisch wertvolle chemische Zwischenprodukte, die im Gegensatz zu petrochemisch hergestellten Epoxiden auf EO-Basis keine mutagenen Nebenwirkungen aufweisen (Tab. 6.1, Zeile 8).

Am Beispiel des Brotbackens soll das Einsparpotenzial bei Einführung einer völlig neuen Backtechnologie demonstriert werden (Abb. 6.1). Die Technologie des Backens hat sich seit mehreren Tausend Jahren nur unwesentlich verändert. Ein Mehlteig, auch Teigling genannt, wird durch Erhitzen auf 230 bis 250 °C trocken gegart. Waren es anfangs Holz oder Kohle befeuerte Öfen, dominieren heute elektrische beheizte Backlinien. Man heizt durch Zufuhr von Wärmeenergie eine Fläche vor und lässt bei geeigneter Temperatur den Teigling mehrere Minuten garen. Bei den konventionellen Backvorgängen benötigt man zum Ausbacken eines 1 kg-Brotes ca. 2 kWh. Bei einem bundesweiten Brotverzehr von 1,681 Mio. t pro Jahr entspricht das insgesamt 2 bis 3 TWh pro Jahr an E-Energie um die 3100 verschiedenen Brotsorten herzustellen. Aber es existiert seit etwa 100 Jahren noch eine völlig andere Garmethode, das sogenannte Ohmsche Backen [67]. Ein Flüssigteig in einem Metallgefäß lässt sich mit 6 kV Starkstrom in etwa 30 s Ausbacken. Die Backzeit gliedert sich dabei in 15 s Vorbecken, 10 s Weiterbacken und 5 s Durchbacken. Bei diesem Backvorgang wird für ein 1 kg-Brot insgesamt nur eine Energiemenge von 0,029 kWh benötigt. Gegenüber dem konventionellen Backen ließen sich also mehr als 98 % an E-Energie einsparen. Obengenannter Energiekostenvergleich stellt allerdings nur eine Teilmenge des tatsächlichen Energieverbrauches in den modernen Brotfabriken dar. In diesen Fertigungsstraßen werden viele Teiglinge gar nicht ausgebacken, sondern eingefrostet und erst vor in den Backverkaufsstellen durchgebacken. Das Einfrosten und die Transportkosten der Teiglinge erhöht den Energieverbrauch noch ein Mal um ca.

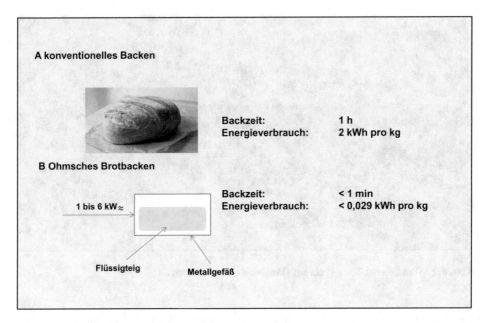

Abb. 6.1 Energieverbräuche von Backtechnologien

10 %. Die Einsparungen beim Brotbacken fallen insgesamt sogar noch etwas höher aus, wenn man bedenkt, dass von den etwa 11 Mio. t/a Nahrungsmittel, die jährlich in der Bundesrepublik Deutschland im Müll landen, 14 % auf Brot entfallen [68]. Der damit verbundene Energieverlust liegt insgesamt im Gigawatt-Bereich.

6.2   Ackerbau mit Terra Preta

6.2.1   Terra Preta aus Holzkohle

Terra Preta ist eine Erfindung der Indianer aus dem Amazonasgebiet. Sie wurde vor etwa 500 Jahren von den portugiesischen Eroberern nach Europa gebracht, fand aber Jahrhunderte lang wenig Beachtung. Der Terra Preta, eine Mischung aus Holzkohle, Kompost und Gülle, kommt zukünftig sowohl aus ökologischen als auch ökonomischen Gründen eine größere Beachtung zu. Ein Mal bietet das Einbringen von Holzkohle in den Ackerboden den Vorteil, die Nährstoff- und Wasserverfügbarkeit für die Pflanzen nachhaltig zu verbessern. Das Auswaschen wasserlöslicher Kunstdünger, wie z. B. des Harnstoffs, in tiefer liegende Bodenschichten unterbleibt (Abb. 6.2, rechts). Gerade diese Eigenschaft dürfte für die Landwirtschaft in Trinkwassereinzugsgebieten von besonderem Interesse sein. Aber auch der durch den Klimawandel sich abzeichnende Wassermangel an der Ackeroberfläche lässt sich durch den Einsatz von Terra Preta Einsatz abmindern. Pflanzen

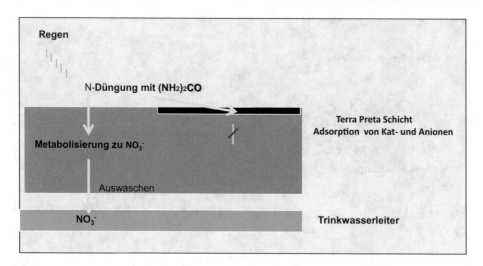

Abb. 6.2 Wirkung der Terra Preta auf Düngemittelauswaschungen

auf Terra Preta kommen mit 30 % weniger Wasser zurecht. Beide genannten Eigenschaften sind auf das hohe Adsorptionsvermögen der Holzkohle zurückzuführen. Dabei ist die Wirkung nachhaltig, da die Kohle im eingebrachten Ackerboden verbleibt, nicht migriert oder sich nicht zersetzt.

Ein Versuchsanbau von Ackerfrüchten auf Terra Preta aus Holzkohle erfolgte ab Ende März 2020 mit den Kartoffelsorten Birgit, King Edward und Bamberger Krumbeere. Probeweise wurde die Sorte Birgit bereits Mitte Juni geerntet und erbrachte einen überraschend hohen Ertrag von etwa 870 g pro Pflanze (Abb. 6.3). Bei der Sorte King Edward erfolgte der Erntetermin planmäßig nach Absterben des Kartoffelkrautes. Entsprechend höher lag der Ertrag pro Pflanze bei > 1 kg. Diese Erntemengen sind befriedigend, wenn man die Trockenheit im Frühjahr 2020 berücksichtigt. Speziell für den Anbau von Frühkartoffeln scheint im Terra Preta Anbau ein unerwarteter Vorteil darin zu bestehen, dass sich die Kartoffelwälle schneller erwärmen und die Wärme speichern. Damit wird das Pflanzenwachstum beschleunigt. Abb. 6.3 zeigt, dass bereits nach 75 Tagen Vegetationszeit eine Frühkartoffelernte Mitte Juni möglich ist. Frühkartoffeln aus einheimischen Anbau würden natürlich Transporte aus südlichen Ländern und damit Transportenergie einsparen. Sicherlich könnte man den Effekt der Bodenerwärmung auch im Spargelanbau vorteilhaft nutzen.

Aktuell müssen große Mengen an Fichten-Schadholz beseitigt werden. Zur Holzaufarbeitung wäre auch eine Verschwelung zu Holzkohle denkbar. Bei der thermischen Aufarbeitung würde zugleich der in den Hölzern eingenistete Borkenkäfer vernichtet. Man benötigt zu dieser Verschwelung nicht den Bau und Betrieb einer kostenintensiven Schweltechnik. In Erdgruben könnte das Schadholz angezündet und nach dem Durchbrand durch Planierraupen mit dem Erdaushub bedeckt werden. Denn die Durchmischung der Kohle mit Erdreich stört die anschließende Anwendung auf dem Acker nicht.

Abb. 6.3   Kartoffel auf Terra Preta nach 75 Tagen Vegetationszeit, Erntemasse ca. 870 g/Pflanze

6.2.2   Terra Preta aus Braunkohle

Rechnet man mit ca. 2 t/ha an Pyrolysekohle, so wären für etwa 12 Mio. ha Ackerland in der Bundesrepublik Deutschland insgesamt 24 Mio. t Holzkohle erforderlich [69], eine Menge, die nicht verfügbar ist. Aber es existieren in dieser Größenordnung in Mitteldeutschland noch Braunkohlenvorkommen. Allein nur im **MIBRAG**-Tagebau Profen liegen im Baufeld Profen-Süd/D1 und dem Baufeld Domsen 41 Mio. bzw. 82 Mio. t Rohbraunkohle [71]. Die Kohlevorräte nördlich und südlich von Leipzig sind in der zweiten Sohle der Kohlebänke kaum angeschnitten. Es besteht also an Braunkohle kein Mangel. Die Kohle im Profener Revier besitzt einen Wassergehalt von 48 bis 60 %. Für die Kraftwerksbetreiber ist das ein unangenehm hoher Anteil, der jedoch für die Terra Preta Herstellung insofern interessant ist, da er letztlich die Speicherfähigkeit der Kohle für Wasser charakterisiert (Abb. 6.4).

Im Mitteldeutschen Braunkohlenrevier fällt noch eine andere Braunkohle an. Sie ist hoch Bitumen haltig und dient seit 120 Jahren der Gewinnung von **Paraffinen.** Man extrahiert die gemahlene und getrocknete Kohle mit Toluen. Als Extraktionsrückstand verbleibt die sogenannte Trockenkohle. Wachs freie Braunkohle scheint zunächst für die Terra Preta Herstellung einen Vorteil zu bieten. Unbehandelte Braunkohle besitzt eine Zündtemperatur je nach Bitumengehalt von 240 bis 280 °C. Die Abgase derzeitiger

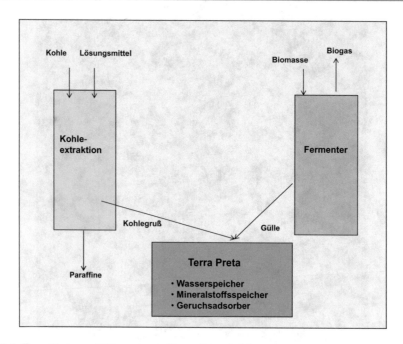

Abb. 6.4 Terra Preta aus Gülle und extrahierter Braunkohle

Erntemaschinen erreichen Temperaturen bis zu 600 °C. Die Auspuffrohre sind zwar in 2 m Höhe über dem Boden angebracht. Aber Bitumen freie Kohle zündet ähnlich der Holzkohle erst bei >400 °C (Tab. 6.3, Zeile 3). Für den Spargel- oder Kartoffelanbau wären die Zündtemperaturen zwar nicht relevant, für den Getreideanbau aber schon.

Derzeit entsorgt man die Trockenkohle durch Verbrennung im Kraftwerk. Bei einer CO_2-Abgabe rechnet sich bereits ab 1/2021 eine derartige Entsorgung nicht mehr. Eine von hydrophoben Paraffinen befreite Kohle sollte möglicherweise noch mehr Wasser aufnehmen können. Doch diese Überlegung hat sich leider als nicht zutreffend erwiesen. Ohne Netzmittel schafft man bei Trockenkohle lediglich eine Wasseraufnahme von ca. 25 % (Tab. 6.3, Zeile 4). Offensichtlich wird die Mikrostruktur der Braunkohle durch den Trocknungsprozess so geschädigt, dass die Kohle viel weniger Wasser aufnehmen kann als Braunkohle. Trockenkohle lässt sich deshalb nur mit Hilfe von Netzmitteln mit

Tab. 6.3 Parameter der Kohlen

Parameter	Braunkohle	Trockenkohle
[1] Korngröße	2–3 mm	≤ 4 mm
[2] Schüttdichte	680 kg/m^3	685 kg/m^3
[3] Zündtemperatur	240–280 °C	410 °C
[4] Wasseraufnahme	48 bis 60 %	ca. 25 %

hydrophilen Stoffen abmischen. Für die Terra Preta Herstellung wurde die Trockenkohle mit Braunkohle abgemischt (Tab. 6.4, Zeile 2).

Die Terra Preta auf Braunkohlenbasis besitzt gegenüber der aus Pyrolyseprozessen gewonnenen Schwelkohle sogar den Vorteil, frei von **PAK**-Schadstoffen und Dioxinen zu sein. Solche Schadstoffe könnten in Schwelprozessen, jedoch nicht bei der Extraktion entstehen. In Abb. 6.5 sind Verträglichkeitstest von Tera Preta-Abmischungen mit Braun- und Holzkohle von Weizen- bzw. Rettichkeimlingen abgebildet. Ein Unterschied im Pflanzenwuchs bei der aus Holzkohle oder den Braunkohlen hergestellten Terra Preta war nicht zu beobachten.

Die Rezeptur mit Trockenkohle gemäß Tab. 6.4, Zeile 2 wurde sowohl mit Weizen- als auch Rübenkeimlingen auf ihre Verträglichkeit getestet. Bei beiden Pflanzenarten konnten keine negativen Veränderungen festgestellt werden (Abb. 6.6). Man darf deshalb zunächst davon ausgehen, dass von beiden Braunkohlenarten kein negativer Einfluss auf das Pflanzenwachstum ausgeht.

6.2.3   Terra Preta gegen Bodenverdichtung und Humusabbau

Durch das Einbringen von Terra Preta in den Ackerboden entsteht neben dem positiven Adsorptionsverhalten für Düngemittel und Wasser noch ein weiterer vorteilhafter Effekt. Die Bodenstruktur kann durch die Terra Preta verbessert werden. Letztlich wirkt die Terra Preta wie organischer Dünger. Sie besitzt Humus ähnliche Eigenschaften [72] und wirkt einer Bodenverdichtung entgegen. Derzeit beobachtet man Bodenverdichtungen bei intensiv genutzten landwirtschaftlichen Flächen. Die Ursachen der nicht reversiblen Verformung des Bodens sind mehrschichtig. Ein Mal besitzen Ackerschlepper mit 4,4 bis 6,4 t Eigenmasse eine hohe Achslast, die die Bodenoberfläche plastisch verformt (Abb. 6.7). Kleine, autonom operierende Acker- schlepper und neue, energiesparende Pflegegeräte sollen in Zukunft die Bodenverdichtung vermindern. Beispiel dieser neuen Landtechnik ist der autonom arbeitende Ackerroboter der Fa. Xaver Fendt & Co (Abb. 6.8) Er besitzt einen batteriebetriebenen, elektrischen Antrieb von ca. 0.4 kW und mit 50 kg eine sehr geringe Eigenmasse. Durch großzügige Bereifung ist der Bodendruck mit nur 200 g/cm^2 nahezu vernachlässigbar. Die geringere Masse der Roboter verursacht natürlich einen geringeren **Eigenverbrauch** an Treibstoff.

Tab. 6.4 Substratrezepturen mit Braunkohle	Kohle	Kohleanteil im Kompost	Gülleanteil in %[1]
	[1] Holzkohle (A)	1: 2	<5
	[2] Trockenkohle (B)	1 (B): 1(C): 4	<5
	[3] Braunkohle (C)	1: 2	<5

[1] bezogen auf die Gesamtmasse von Kohle und Kompost

Abb. 6.5 Weizenkeimlinge auf Terra Preta links Holzkohle, rechts gesiebte Braunkohle Revier Profen, Korngröße der Kohle 2 mm

Abb. 6.6 Terra Preta mit Trockenkohle, links mit Kohlenmischung gemäß Tab. 1.4, Zeile 2, rechts Rübenkeimlinge (Anzucht 11/2020)

Abb. 6.7 Bodenverdichtung
durch Treckerreifen

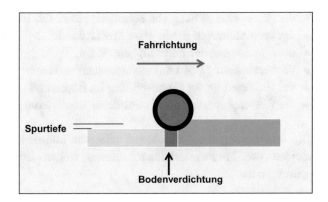

Abb. 6.8 Autonomer
Ackerschlepper (© Fa. Xaver
Fendt & Co)

Der Roboter benötigt bei gleicher Arbeitsleistung wesentlich weniger Energie als
herkömmliche Ackerschlepper und verursacht entsprechend weniger CO_2-Emissionen.
Nach Redmond [73] existieren sowohl autonom geführte Traktoren als auch neuartige,
hydraulisch angetriebene Systemplattformen für die Pflegetechnik zur Bearbeitung von
Reihenkulturen oder Obstplantagen bereits. Anstelle der tonnenschweren herkömmlichen
Ackerschlepper werden kleine, im Schwarm operierende Robotereinheiten zu Pflege-
arbeiten auf den Äckern in Zukunft arbeiten. Diese Technik scheint ausgereift, wird aber
bisher noch zu zögerlich eingesetzt.

Neben dem Energieverbrauch verursacht der jetzige Intensivlandbau ein weiteres
Problem, die **SOM**-Reduzierung sowohl was den Biomasseanteil als auch Humus-
anteils im Boden betrifft. Der Rückgang des Biomasseanteils ist u. a. auch eine Folge
des Herbizideinsatzes und kann nur durch dessen Verringerung gestoppt werden. Der
Humusanteil ließe sich zwar prinzipiell durch das Einbringen von Stalldünger in den
Ackerboden erhöhen, alternativ aber eben auch durch das Ausbringen von Terra Preta.
Die mitunter geäußerte Meinung, dass eine ausreichende Düngung mit Stallmist die
Terra Preta ersetzen zu können [72], ist nicht ganz korrekt, denn die Adsorptionswirkung
sowie die Langzeitwirkung der Kohlen besitzt der Stalldünger nicht. Insgesamt bestehen
die Vorteile der Terra Preta Anwendung im Ackerbau in:

- der Reststoffverwertung von Schadholz zur Holzkohlegewinnung,
- der Verwertung von Braun- bzw. Trockenkohle,
- der Reduzierung der Kunstdüngermengen,
- der Verhinderung von Trinkwasserkontaminationen,
- der Verbesserung der Humusbildung im Boden und
- der Wassereinsparungen bei künstlicher Bewässerung.

Die Reduzierung von Kunstdünger oder von künstlicher Bewässerung sowie das Vermeiden von Trinkwasserkontaminationen stellen letztlich auch immer Energieeinsparungen dar.

6.3   Farming 4.0

In der Landwirtschaft vollzieht sich noch eine spezielle Wende, was zukünftig die eingesetzte Landtechnik betrifft. Es wurde bereits im Abschn. 6.2.3 auf die negativen Aspekte der Bodenverdichtung durch die schwere Ackerschlepper verwiesen. Aber die Revolution in der Landtechnik erfolgt nicht nur in einer Energie sparenden Form von neueren, wesentlich leichteren Maschinen. Die Landtechnik der Zukunft arbeitet vielmehr vollautomatisiert und gestattet durch einen umfassenden Einsatz der Robotik ein sogenanntes **Precision Farming**. Dazu waren die Entwicklung einer

- Sensorik zur individuellen Pflanzenerkennung,
- ein kompaktes elektrisches Antriebssystem einschließlich
- elektrischer Energiespeicher,
- eine GPS gesteuerte Standortbestimmung mit Dokumentation und
- eine umfassende Softwareentwicklung

notwendig. Der Vorteil autonom arbeitender Ackerroboter liegt in ihrem:

- lokal emissionsfreien und Energie sparenden Arbeiten,
- in einem für jede Pflanze einstellbaren individuellen Pflanzenschutz und einer entsprechenden Düngemitteldosierung,
- einer Tageszeit unabhängige Bearbeitung der Ackerflächen,
- einer den Betriebsgrößen anpassbaren Bearbeitung mit einem oder mehreren Robotern, also einer Schwarmverarbeitung sowie
- einer Standort unabhängigen, Mobilfunk gestützten Wartung.

Allein die für das System Xaver Fendt veranschlagte Energieeinsparung von 70 % würden bei einem derzeitigen Verbrauch an Dieselöl von 100 l/ha eine enorme Einsparung von Dieselöl von 70 l/ha bedeuten. Ferner könnte sich eine Agrar-Energie-Gesellschaft diese

Energiemenge selbst erzeugen. Spätestens unter dem Aspekt der Eigenversorgung mit E-Energie erkennt man die Nützlichkeit zukünftiger Agrar-Energie-Gesellschaften.

Ackerroboter der Fa. Xaver Fendt, wie in Abb. 6.8 gezeigt, können einzeln oder im Schwarm zu 6 bzw. 12 Einheiten operieren (Tab. 6.5, Zeile 1). Sie wurden u. a. für den Maisanbau entwickelt. Den Ablageort und den Saatzeitpunkt registriert der Roboter von jedem einzelnen Saatkorn und überträgt die Daten in eine Cloud. Dort werden sie gespeichert und stehen für den nächsten Bearbeitungsschritt, irgendeine Pflegemaßnahme, wieder zur Verfügung. Das Erkennen einzelner Pflanzen im Bestand der Ackerfläche ist ein Wesensmerkmal des Precision Farming [74, 75]. Die Leistung des Ackerroboters liegt bei 1 ha pro Arbeitsstunde, die Arbeitsbreite beträgt bis zu 3 m. Die Roboter verfügen auch über Sicherheitsfunktionen, z. B. zur Erkennung von Personen.

Der OZ Weeding Robot der Fa. Naio ist für den Feldgemüseanbau entwickelt worden (Tab. 6.5, Zeile 2). Er verfügt über vier elektrische Einzelantriebe mit einer Leistung von je 0,1 kW. Der Roboter besitzt eine Masse vom nur 110 kg. Auch der Ackerroboter BoniRob ist für den Feldgemüseanbau konzipiert (Tab. 6.5, Zeile 3). Er kann Nutz- und Unkrautpflanzen erkennen und unterscheiden. Die Unkrautbekämpfung erfolgt bei diesem Roboter durch einen Stempel, der die Unkrautpflanze als Gründünger in die Erde drückt. Der BoniRob kann auch für Bodenanalysen eingesetzt werden (Tab. 6.5, Zeile 3). Er analysiert die örtliche Konzentration der Elemente N, K und P, bestimmt den pH-Wert und die elektrische Leitfähigkeit und damit den Wassergehalt an der Bodenoberfläche. Wie ökologisch und ökonomisch wertvoll zukünftig eine solche Bodenanalyse zur Pflanzendüngung sein kann, ergibt sich aus der individuell für jede Pflanze dosierten Düngemittelmenge. Die Nährstoffergänzungen erfolgen jeweils nur nach dem am jeweiligen Standort wirklich erforderlichen Defiziten und nicht mehr Flächen pauschal. Damit reduzieren sich z. B. Kontaminationen der Trinkwasserleiter durch zu hohen

Tab. 6.5 Robotiksysteme in der Landwirtschaft

System (Firma)	Masse in kg	E-Antrieb in kW	Einsatz	Bemerkung
[1] Xaver Fendt	65	0,4 kW	Maisaussaat	Einzelpflanzen-behandlung
[2] OZ Weeding Robot (Naio)	110	4 ∗ 0,1	Unkrautbekämpfung	Feldgemüseanbau
[3] BoniRob (Amazone/Bosch GmbH)	1000		mechanische Unkrautbekämpfung Bodenanalytik	
[4] Anatis (Carre')			Gemüseanbau Unkrautbekämpfung	Gewächshausanbau
[5] SW 6010 (Agrobot)			vollautomatischer Erd-beerernter	

Düngemitteleinsatz, wie im Abschn. 5.3 dargelegt. Mit dem Robotniksystem BoniRob werden parallel folgende Problemfelder bearbeitet. Es sind:

- die mechanische Unkrautbekämpfung,
- Pflanzen individuelle Bodenanalysen,
- die Reduzierung des Düngemitteleinsatzes und
- eine optimale Wasserversorgung der Pflanzen.

Der Roboter Anatis der französischen Fa. Carre' dient dem Gewächshausanbau von Gemüse (Tab. 6.5, Zeile 4). Seine vier Räder lassen sich einzeln steuern und besitzen einen elektrischen Antrieb.

Beim Roboter SW 6010 handelt es sich um eine vollautomatisch arbeitende Erdbeer-erntemaschine (Tab. 6.5, Zeile 5). Automatisiertes Ernten wertvoller Obst- und Gemüse-früchte verlangt eine Bild basierte Fruchterkennung sowie filigranes Greiferdesign [76]. Bisherige Applikationen liegen für Gemüsearten bei Paprika, Gurken und Tomaten vor, für Obst neben den erwähnten Erdbeeren auch für Kirschen und Zitrusfrüchten sowie für die Lese von Weintrauben.

Gegenüber der derzeitig noch dominierenden Landtechnik mit einer Computer gestützter Ackerbearbeitung wird das vollautomatische Precision Farming tief greifende Veränderung in der Produktion landwirtschaftlicher Güter mit sich bringen (Tab. 6.6). Dabei lösen sich zusätzlich auch einige der derzeitigen Streitobjekte zwischen Umwelt-schutz und Landwirtschaft wie die Überdüngung des Bodens oder der Einsatz von Herbiziden. Eine Hoftorbilanz wird der Landwirt wohl auch nicht mehr erstellen müssen. Vor allem führen die gravierenden Einsparungen in der Masse der Bodenbe-arbeitungsmaschinen zu ebensolchen Energieeinsparungen und letztlich zu einer Ver-ringerung der CO_2-Emissionen.

Wie kann der Landwirt die neuen Systeme zum Precision Farming finanzieren? Sicher aus den derzeitig Existenz bedrohenden Preisen für die Nahrungsmittelproduktion nicht. Aber mit dem Aufbau von Agrar-Energie-Komplexen und dem sich abzeichnenden

Tab. 6.6 Vergleich von konventionellem und zukünftigem Ackerbau

Merkmal	Konventionell	Zukünftig
[1] Bearbeitungsstrategie	Acker und Feldfrucht typisch	Pflanzen individuell
[2] Energieeinsatz	Dieselkraftstoff	E-Energie
[3] Gerätebedienung	Manuell, Computer gestützt	Vollautomatisch
[4] Arbeitszeit	Dominant Tageslicht orientiert	24 h Rhythmus
[5] Unkrautbekämpfung	Vorzugweise Herbizide	Mechanisch
[6] Bodenanalyse	Stichprobenartig	Pflanzen spezifisch
[7] Düngung	Nach Flächenanalyse	Pflanzen spezifisch

Energiemangel besteht eine reelle Chance zur Erwirtschaftung von Eigenkapital zur Investition der neuen Landtechnik.

6.4   Eiweißproduktionen

Die derzeitige Milch- und Fleischproduktion basiert auf der Verfütterung von Protein haltigen Futtermitteln. Deutschland importiert allein 6,1 Mio. t/a an Sojaschrot. Eine ebenso große Menge an **RES** dient zusätzlich noch als Protein haltiges Tierfutter (Tab. 6.7).

RSE fällt als Byprodukt der Biodieselproduktion an. Der Eigenanbau an Sojabohnen liegt in Deutschland bei $90 * 10^3$ t/a. Weltweit werden 80 % des Sojabohnenanbaus für die Fleischproduktion verwendet, Das sind ca. 340 bis 350 Mio. t/a Sojabohnen, die vorzugsweise in den USA, Argentinien und Brasilien angebaut werden. Allein in Südamerika wurden in der Zeit von 2000 bis 2010 24 Mio. ha Tropenwald in Ackerland umgewandelt und damit einzigartige Flora und Fauna vernichtet. Das Verbraucherverhalten in den europäischen Staaten ist ambivalent. Während einerseits das rigorose Abholzen des brasilianischen Regenwaldes scharf kritisiert wird, gehören andererseits die EU-Staaten mit 33 Mio. t zu den großen Importeuren an Sojaschrot und verdienen am Fleischexport in Drittländer.

Die Sojabohne als Leguminose bedarf zwar bei entsprechender Saatgutimpfung mit dem Bakterium Bradyrhizobium japonicum keiner Stickstoffdüngung, muss aber mit P-, K- und Mg-haltigen Düngemitteln versorgt werden. Während Kalium- und Magnesiumsalze mit relativ geringem Energieeinsatz aus den Mineralsalzen gewonnen werden können, ist für den Aufschluss der P-haltigen Mineralien ein relativ hoher Energiebedarf notwendig. Vor allem verringert sich zukünftig die Verfügbarkeit an P-Lagerstätten. Letztlich ist der Anbau von Sojabohnen für die Futtermittelproduktion ökologisch zunehmend umstritten.

Tab. 6.7 Sojabohnenanbau und Handel

Land	Anbau/Import in Mio. t	Bemerkung
Deutschland	0,09	Eigenanbau auf 33 T ha Ackerland
Deutschland	6,1	Gesamtimport aus Übersee
Deutschland	4,5	Sojaschrot als nur für Tierfutter
EU-Staaten (Donaustaaten)	2,8	Entspricht 7,5 % der Einfuhrmenge
EU-Staaten	33	Gesamtimport
USA	122 bis 126	
Brasilien	122 bis 126	
Argentinien	64 bis 66	
Gesamtanbau	349 bis 350	

Doch es existiert noch eine andere Quelle für Eiweiß haltige Futtermittel, die Insektenproteine. Etwa 2 000 Insektenarten sind essbar und dienen in 113 Ländern zum Verzehr. Zu ihnen gehören z. B. Käfer und ihre Larven mit 30 %, Heuschrecken mit 15 % oder Termiten mit 3 %. Einige Insekten enthalten mehr als doppelt so viel Eiweiß wie äquivalente Mengen von Rind- oder Hühnerfleisch [77] und sie übertreffen in ihrem Proteingehalt Getreide- oder Hülsenfrüchte. In der Emission von Klimagasen verursachen z. B. die Anzucht von Mehlwürmern nur 1/10 der Treibhausgasmenge im Vergleich zum Rindfleisch. Die Produktion von Insektenproteinen weist mithin gegenüber der existierenden Eiweißproduktion eine wesentlich besser Ökobilanz auf [78]. Derzeit erfolgt die Produktion von Insekteneiweiß manuell und ist deshalb ziemlich teuer. So kosten 70 g Mehlwürmer ca. 8 €. Doch mit Aufnahme einer industriellen Insektenproduktion wären geringere Produktionskosten denkbar. Als Fischfutter zum Ersatz von Fischmehl erfolgt bereits die Verwendung von Insektenproteinen.

Eine Alternativmethode zur nicht tierischen Eiweißerzeugung wäre zukünftig die Produktion von in vitro Fleisch, auch als Laborfleisch bezeichnet. Dem israelischen Unternehmen Aleph Farms gelang bereits 10/2019 technisch synthetisches Fleisch durch Gewebezüchtung herzustellen [70].

Energievergeudung durch menschliches Fehlverhalten

7.1 Nahrungsmittelverschwendung

Laut **FAO** werden jährlich weltweit ca.1,3 * 10^9 t Nahrungsmittel weggeworfen [79, 80, 81]. Das entspricht etwa einem Drittel des Verzehrs. Zur Erzeugung dieser Nahrungsmittel braucht man Ressourcen an Wasser, Energie und Ackerflächen. Die Verschwendung von Nahrungsmitteln stellt eine Missachtung dieser an sich stetig sich verkleinernden Potenziale dar. Das Fehlverhalten resultiert aus unterschiedlichen Handlungen, die in der Kette zwischen Produkterzeugung und Endverbraucher auftreten. Es sind:

- hohe Handels- und Verarbeitungsnormen,
- Transportverluste,
- Verluste durch unsachgemäße Lagerung,
- schlechte Planbarkeit in der Gastronomie, sowohl der Gästezahlen als auch der Portionsgrößen,
- Überschreiten des Mindesthaltbarkeitsdatums im Einzelhandel,
- Verluste durch mangelnde Einkaufsplanung in privaten Haushalten und
- Missachtung der Nahrung durch viel zu niedrige Einzelhandelspreise.

Die derzeit aktuellen Verkaufspreise für Nahrungsmittel spiegeln die Umweltfolgekosten, z. B. bei der Klärschlammaufarbeitung, der Trinkwasserherstellung oder den Umweltschäden durch die Kunstdüngerproduktion nur unzureichend wider. Würde man die genannten Folgekosten im Verkaufspreis der Lebensmittel berücksichtigen, ergäbe sich ein mittlerer Preisanstieg von 2,30 € pro kg Nahrungsmittel [82]. Eine derartige Verteuerung könnte eventuell dazu führen, dass die Lebensmittel wesentlich mehr geachtet und weniger weggeworfen würden. Allein in Deutschland werden ca. 11 Mio. t

© Der/die Autor(en), exklusiv lizenziert durch Springer Fachmedien Wiesbaden GmbH, ein Teil von Springer Nature 2021
B. Adler et al., *Energie- und Produktionswende im ländlichen Raum*,
https://doi.org/10.1007/978-3-658-33444-4_7

Nahrungsmittel pro Jahr weggeworfen, das entspricht bei 82 Mio. Einwohnern einer Menge von ca. 158 kg pro Person. Allein in den privaten Haushalten sind es 55 kg pro Jahr und Person. In der Nahrungsmittelverschwendung bzw. Überproduktion liegt das Potenzial, Ackerflächen in Zukunft sinnvoller zu nutzen, z. B. zur Energiegewinnung oder zum Industriepflanzenanbau.

7.2   Der ökologische Fußabdruck

Nicht nur mit den Nahrungsmitteln sondern auch beim Konsum technischer Güter und Dienstleistungen gehen die Bürger aller Industriestaaten äußerst sorglos mit den Ressourcen um. Die Bevölkerung der Schwellenländer hält diesen ruinösen Lebensstil für nachahmenswert. Doch die Klimaveränderungen zeigen, dass ein Umsteuern auf ein maßvolles, nicht Wachstum orientiertes Wirtschaften zwingend geboten ist, um die Lebenschancen nachfolgender Generationen zu ermöglichen. Als Maß zur Beurteilung der Lebensgewohnheiten lassen sich die verbrauchten Energien oder synonym die dabei freigesetzten Mengen an CO_2 verwenden (Tab. 7.1, Spalte 2).

Schon geringfügige Änderungen im Konsumverhalten erzielen z. T. beachtenswerte Energieeinsparungen. Benutzt man zum Erwärmen der Speisen vorteilhafterweise eine Mikrowelle und nicht wie üblich den Elektroherd, lässt sich der Energieverbrauch fast auf ein Drittel reduzieren (Tab. 7.1, Zeilen 3 und 4). Noch stärker fällt die Energiereduzierung aus, wenn der Fleischverzehr von Rind- auf Schweinefleisch umgestellt würde (Tab. 7.1, Zeilen 5 und 6), bzw. man eine ausgewogenere Ernährung durch einen etwas geringeren Fleischkonsum anstrebt. Besonders hoch fällt die relative Energieeinsparung beim in Deutschland beliebtesten Obst, den Äpfeln, aus. Einheimische Äpfel benötigen nur 1/10 der Transportenergie gegenüber Importäpfeln.

Tab. 7.1 CO_2-Emissionen bei täglichem Konsum und Verbrauch

Aktivität	Freigesetzte Menge an CO_2
[1] Fernsehen	50 bis 200 g pro Stunde
[2] Waschmaschine 60 °C Wäsche	530 g pro Waschgang
[3] Küchenherd bei 180 °C	848 g pro Stunde
[4] Mikrowelle	6 g pro Minute
[5] Verzehr von Schweinefleisch	3600 g pro kg Fleisch
[6] Verzehr von Rindfleisch	14.000 g pro kg Fleisch
[7] Apfel regional	31 g pro kg Frucht
[8] Apfel Übersee	310 g pro kg Frucht

Bleibt die Frage nach einer Energieobergrenze, die eine Person zukünftig beanspruchen darf. Sie liegt, wenn man das bei der **Pariser Klimaschutzkonferenz** vereinbarte Ziel einer Erderwärmung 1,5 bis 2 K einhalten will, bei ca.

1 bis 2 t CO_2 pro Jahr und Person

In Deutschland wurden im Jahre 2018 jedoch

ca. 11,6 t CO_2 pro Jahr und Person

in Anspruch genommen (Tab. 7.2). Dabei wäre es gar nicht so schwer für den Einzelnen und die Gesellschaft Energie bewusster zu leben. Der ökologische Fußabdruck kann als hilfreiches Regulativ zur CO_2- und Konsumreduzierung dienen. Corona bedingte Reisebeschränkungen zeigen, dass man Urlaub nicht notwendiger Weise in fernen Ländern verbringen muss. Ohne erhebliche Mobilitätseinschränkung für den Einzelnen ließen sich nach Berechnungen des UBA Dessau-Roßlau allein durch eine sinnvolle Geschwindigkeitsbegrenzung auf den Autobahnen zwischen 1,9 und 5,4 $* 10^6$ t/a CO_2-Äquivalente einsparen (Tab. 7.3). Immerhin betrug im Jahre 2018 der Ausstoß von Treibhausgasen auf den Autobahnen 39,1 Mio. t. Interessant an diesem Vorschlag zur CO_2-Reduzierung wäre seine relativ kostenarme Umsetzung.

Der Verbrauch an technischen Gütern lässt sich mühelos dadurch reduzieren, dass man nicht die Wohnungseinrichtung alle fünf Jahre durch eine neue, modernere ersetzt.

Tab. 7.2 Ökologischer Fußabdruck [81, 89]

Gebiet	CO_2-Emission in t pro Person und Jahr	Bemerkung
[1] Energie und Heizung	2,4	
[2] Mobilität	2,18	
[3] Ernährung	1,74	ca. 11 Mio. t/a Lebensmittelverschwendung Abschn. 7.1
[4] sonstiger Konsum	4,56	
[5] öffentliche Verwaltung	0,73	
[6] gesamt	11,61	

Tab. 7.3 CO_2-Einsparungen bei Geschwindigkeitsbegrenzungen auf Autobahnen

Maximalgeschwindigkeit in km/h	CO_2-Reduzierung in Mio. t
130	1,9
120	2,6
100	5.4

D. h. maßvoller Konsumverzicht bedeutet nicht die Änderung sämtlicher Lebensgewohnheiten. Aber der Wohlstand einer Gesellschaft darf nicht weiter an der Höhe des
Konsums gemessen werden. Doch diese These beherzigt nur eine verschwindend kleine
Minderheit von Bürgern, die Minimalisten. Sie reduzieren den Verbrauch von Gütern auf
ein notwendiges Minimum und fühlen sich beim Gewinn des dadurch gewonnenen Zeit-
wohlstandes zu frieden. Leider lebt die übergroße Mehrheit der Bürger im Konsumwahn.
Allein in der Bundesrepublik Deutschland werden jährlich $600 * 10^9$ € für den Konsum
ausgegeben. Das entspricht pro Bürger einschließlich der Kleinkinder und Säuglinge
7300 € je Bürger.

7.3   Die Bio-Label

Die in den Abschn. 7.1 und 7.2 abhandelten ökologischen Fakten und Zusammenhänge
gehören eigentlich zum Allgemeinwissen der Bürger. Dennoch hat sich, von Ausnahmen
abgesehen, am Lebensstil der Masse bislang kaum etwas geändert. Worin liegt die
Ursache für diese Differenz zwischen Wissen und Handeln?

Der Begriff Bio in Zusammenhang mit: Landbau, Obst, Gemüse oder Nahrungsmitteln genießt bei vielen Konsumenten eine hohe Wertschätzung. Bio steht für Leben,
besser gesagt, für gesundes Leben. Doch nicht immer hält der Inhalt einer mit Bio
deklarierten Ware das, was auf der Verpackung aufgedruckt ist. Längst haben Marketing-
Strategen Begriffe wie Bio, Umwelt, Natur, Grün oder nachhaltig für die Werbung
vereinnahmt und versuchen sie vorteilhaft für Firmeninteressen zu nutzen. Diese Vor-
gehensweise als Werbestrategie ist zunächst nicht sonderlich kritikwürdig. Das Problem
entsteht eigentlich erst bei den Verbrauchern. Sie wähnen sich beim Verzehr derart
deklarierter Nahrungsmittel als Umwelt freundliche Konsumenten. In Unkenntnis der
z. T. recht komplizierten Wertschöpfungsketten kann der Verbraucher die Ökologie von
Produkten oder Dienstleistungen kaum nachvollziehen oder richtig einschätzen.

Was sind also die tückischsten Ökofallen? Bei Bio-Nahrungsmitteln kann ein auf-
merksamer Käufer beim Durchlesen der verarbeiteten Inhaltsstoffe schnell den Etikettenschwindel selbst feststellen. Wird auf einer Fleisch- oder Wurstverpackung eine längere
Chemikalienliste zitiert, liegt wohl eher kein Bio-Produkt, sondern ein Drogerie-Erzeug-
nis und damit ein vom Produzenten bewusst begangener Etikettenschwindel vor.

Für Wasch- und Reinigungsmittel ist das Umweltgütesiegel **Blauer Engel** verein-
bart (Tab. 7.4, Zeile 2). Dieses Gütesigel wird mitunter vom Verbraucher falsch inter-
pretiert. Beim Blauen Engel handelt es sich nicht um ein Zertifikat, das eine vollständige
Umweltverträglichkeit einem Produkt bescheinigt. Das Zeichen charakterisiert lediglich,
dass beim Vergleich von Produkten gleicher Wirkung das zertifizierte Produkt Umwelt
verträglicher als die Vergleichsprodukte abschneidet.

Flugreisen verursachen sehr hohe Emissionen an CO_2 und Wasserdampf in der
oberen Atmosphäre. Mit 3,7 L je 100 Flugkilometer und Passagier an Kerosin, stellt
das Fliegen eine äußerst Energie intensive und Umwelt schädliche Fortbewegungsart

Tab. 7.4 Ökologische Scheinaktivitäten

Aktivität	Kritik	Bemerkung
[1] Bio-Nahrungs-mittel	nur Teilmenge Bioprodukt Hauptmenge konventionell erzeugt	Etikettenschwindel
[2] Blauer Engel	Verwechslung von Einzel- mit Gesamtwirkung	Fehlinterpretation beim Verbraucher
[3] ökologische Flugreisen	Carbon Offset	Gewissensberuhigung [86]
[4] E-Automobile	kaum Ladeinfrastruktur, zu hohe Batteriemassen	E-Mobilität nur eine Übergangs-lösung?
[5] Grüner Punkt und Gelbe Tonne	Upcycling statt Recycling, thermische Materialverwertung, Müllexport in Drittländer	Entsorgungssystem beherrscht in Art und Menge den Abfall nicht

dar. Die Tendenz vor der Corona-Epidemie war ein jährliches Ansteigen der weltweiten Passagierzahlen um 5 %. Man rechnet, dass im Jahre 2050 etwa 40 % der gesamten CO_2-Emissionen durch das Fliegen verursacht werden könnten. Eine Horrorvision, vor der die Süddeutsche Zeitung eindringlich und drastisch mit dem Satz: „Eine Flugreise ist das größte ökologische Verbrechen" bereits 2018 warnte [83]. Dabei wäre der Flug-verkehr der Industriegesellschaften durch eine angemessene Kerosinsteuer technisch relativ einfach regelbar. Doch die Politiker schrecken bisher vor dieser simplen Lösung zurück. Denn Paternalismus kommt nicht gut beim Wählervolk an. Bereits sinnvolle Reiseeinschränkungen zur Eindämmung der Corona-Epidemie werden als Hausarrest und Diktatur von der Querdenkerbewegung gebrandmarkt. Es ist kaum verwunder-lich, dass in Corona-Zeiten die Fluggesellschaften von der Regierung mit Milliarden Euro Hilfsgeldern gestützt werden. Alles soll in der Zeit nach der Epidemie auf mög-lichst hohem Niveau so fortgeführt werden wie vor ihrem Ausbruch. Geduldet werden Billig-Airlines, die den Bürger mit preiswerten Ticket-Tarifen suggerieren, dass Fliege zu einem ihrer Grundrechte und Freiheiten gehören würde. Jeder Bürger soll selbst ent-scheiden dürfen, wohin er im Urlaub reist, egal wie weit das Flugziel entfernt liegt. Das ökologische Gewissen lässt sich mit einer kleinen Spende, einem sogenannten Carbon Offset (Tab. 7.4, Zeile 3) beruhigen. Man fördert ja mit einer solchen Umweltspende die Entwicklung in den Urlaubsländern. Doch genau in dieser Einstellung liegt der Denk-fehler. Die Natur verkraftet die exaltierte Form der Vielfliegerei bereits heute nicht mehr. Deshalb müssen die Menschen lernen, zwischen ihren notwendigen Bedürfnissen und geträumten Wünschen zu unterscheiden. D. h. der vielgepriesene Freiheitsbegriff muss im Zusammenhang mit notwendigen ökologischen Einschränkungen diskutiert werden. Diese Erkenntnis einer völlig Konsum verwöhnten Zivilgesellschaft zu vermitteln, wird sich sehr mühevoll gestalten, zumal der an sich richtige philosophische Zusammenhang von Freiheit und Notwendigkeit im Osten Deutschlands 40 Jahre lang zur Aufrecht-erhaltung eines politischen Herrschaftsanspruches missbraucht wurde.

Ähnlich kritisch muss der Stand der derzeitigen E-Mobilität beurteilt werden. Jahrelange Untätigkeit der Automobilkonzerne hat dazu geführt, dass weder massearme und betriebssichere Batterien zum Antrieb noch die Ladeinfrastruktur entwickelt und aufgebaut wurden. Man transportiert derzeit bei relativ bescheidener Reichweite mehrere Hundert Kilo Batteriemasse durch die Straßen und meint mit seinem E-Auto klimaneutral zu fahren, obwohl die E-Energie noch zu ca. 50 % aus nicht regenerativen Quellen erzeugt wird.

Verpackungen aus Kunststoff sollen vom Dienstleister „Der Grüne Punkt-Duales System Deutschland GmbH" recycelt werden (Tab. 7.4, Zeile 5). Die Verbraucher sammeln fleißig die Kunststoffverpackungen in der Gelben Tonne. Doch nur eine bescheidene Menge davon wird wirklich so recycelt, dass man das Recyclat wieder zur Herstellung der gleichen Verpackung nutzen könnte. Aus kleineren Teilmengen fertigt man andere Kunststoffartikel an bzw. verbrennt die Kunststoffabfälle in Müllverbrennungsanlagen. Ein Großteil aber landet als Müll in den Entwicklungsländern. Doch mit diesem Verfrachten ist das Plastikmaterial nur temporär außer Sichtweite. Denn die Strände beliebter Urlaubsregionen zeigen sich immer häufiger vermüllt. Schätzungsweise 150 Mio. t Plastikmüll treiben derzeit auf den Weltmeeren herum, täglich kommt eine LKW-Ladung hinzu [39]. Die Ursachen für diese Fehlentwicklung sind vielschichtiger technischer Art. Ein Mal lassen sich Mischkunststoffe nur aufwendig recyceln. Materialfetzen mit anhaftenden Nahrungsmittelresten kann man gar nicht recyceln. Schwarz eingefärbte Kunststoffe können auf manchen Sortierstraßen wegen der geringen Reflexion der Materialien nicht automatisch sortiert werden. Der Verbraucher wähnt sich mit der Entsorgung seiner Plastikverpackung jedoch im grünen Bereich. Er weiß nicht, dass $986 * 10^3$ t Plastikmüll aus Deutschland im Jahre 2020 ins Ausland exportiert wurden, zwar 10 % weniger als das Jahr zuvor. Doch diese Reduzierung ist nicht etwa verbesserten Recyclingtechnologien geschuldet, sondern durch die Weigerung asiatischer Staaten diesen Müll aufzunehmen.

Die Beispiele verdeutlichen, dass im Konsumverhalten der Zivilgesellschaft sehr viel mehr Etikettenschwindel stattfindet, als der biedere Bürger ahnt oder wahr haben möchte. Dabei gehen riesige Mengen Energie bei den genannten Fehlhandlungen sinnlos verloren; ein gigantisches Einsparpotenzial mit dem man die im Pariser Klimaschutzabkommen im Jahre 2015 vereinbarten Ziele recht wohl erreichen könnte. Doch die Gesellschaft und ihre Repräsentanten schweigen und dulden damit diesen Missstand. Nur Kinder und Jugendliche wagen mit den Fridays-for-Future-Aktionen ihre Zukunftsängste aller Welt öffentlich zu zeigen.

7.4   Übernutzung von Lebensräumen

Die beobachteten Klimaveränderungen haben nach Aussage der Klimaforscher ihre Ursachen in viel zu hohen Energieverbräuchen in allen Bereichen der Wirtschaft und im privaten Leben. Sie führen zu verstärkter Emission von Treibhausgasen [84]. Die Überdüngung der Ackerböden und als Folge davon die Kontamination des Trinkwassers sind die Folge eines zu hohen Nahrungsmittelkonsums. Allein die ungerechte Entlohnung der bäuerlichen Arbeit zwingt die Bauern mit immer größeren Maschinen immer größere Flächen zu bewirtschaften. Ackerränder werden umgepflügt. Damit verringert sich das Nahrungsangebot für die Insekten und Vögel. Es findet ein verstärktes Artensterben an Flora und Fauna statt (Tab. 7.5, Zeile 1). Ein für viele Lebewesen notwendiger Lebensraum dient nur noch einseitig zur menschlichen Bedürfnisbefriedigung.

Ausdruck einer unangenehmen Form von Übernutzung von Lebensräumen sind u. a. die Hochwasser der Jahre 2002 und 2013. Beide Male kam es in Mitteleuropa nach mehrtägigen Starkregen zu anschließendem Hochwasser. Diese Hochwasser wurden als sogenannte Jahrhunderthochwasser, also ganz außergewöhnliche Ereignisse apostrophiert, waren es aber gar nicht. Die hohen materiellen Schäden beim Hochwasser im Jahre 2013 beliefen sich in Deutschland auf $6,6 * 10^9$ € und in Österreich auf $2,23 * 10^9$ €. Sie hatten ihre Ursache in großflächigen Bodenversieglungen. Die Starkregenfälle zwischen dem 31.05.2013 und 03.06.2013 von insgesamt 403 mm/4d [85] konnten von den versiegelten Böden einfach nicht aufgenommen werden und die Flüsse in den stark eingedeichten Flussauen diese Wassermassen nicht zeitnah abführen. Trotzt dieser enormen Schäden freut sich bis heute jeder Kommunalpolitiker über neue Investoren und bietet ihnen Ackerland zur Errichtung von Industrieanlagen an. Durch die Bodenversieglung (Tab. 7.5, Zeile 2) geht nicht nur Ackerland verloren, sondern steigt die Gefahr, dass jeder örtliche Starkregen ein Stück Landschaft wegschwemmt. So betrugen die Verluste an landwirtschaftlicher Nutzfläche durch Bebauung in Deutschland im Zeitraum 2014 bis 2016 62 ha pro

Tab. 7.5 Schäden durch Übernutzung von Lebensräumen

Aktivität	Beispiel	Umweltfolgen
[1] Ackerbau	Intensivlandbau	Vernichtung der Artenvielfalt von Flora und Fauna, Bodenzerstörung
[2] Bodenversieglung	Bau von Straßen und Industrieanlagen	Hochwasser
[3] Chemikaliengebrauch	Xenobiotika, Antibiotika bei Massentierhaltung	Trinkwasserkontamination
[4] Einmalprodukte	Kunststoffverpackungen	Meeresverschmutzung, Bildung von Mikroplasteteilen
[5] Flug- u. Individual verkehr	Ausstoß von Klimagasen	Erderwärmung Klimaveränderung
[6] Landschaftszersiedlung	Vernichtung von Ackerland	Reduzierung der Lebensgrundlagen
[7] Ballungsräume	hohe Siedlungsdichte, Entvölkerung des ländlichen Raumes	Epidemieausbreitung erhöhtes Transportaufkommen

Tag und sind im Jahre 2019 nur auf 56 ha pro Tag leicht zurückgegangen [87]. Langfristig gesehen vollzieht sich unter dem Deckmantel der Arbeitsplatzbeschaffung oder dem Bau von Umgehungsstraßen zur angeblichen Verkehrsberuhigung eine lebensbedrohlicher Verlust von Wald, Acker- oder Weideland. Letztlich bedeutet aber die immer weiter fortschreitende Landschaftszersiedlung die Vernichtung der Lebensgrundlage für alle Lebewesen.

Besonders kritisch muss man die negativen Folgen von Agrochemikalien auf die Trinkwasserleiter einschätzen. Trotzt Beteuerungen der Chemikalienhersteller über die biologische Abbaubarkeit der Pestizide gelangen Spuren von Agrochemikalien in die Trinkwasserleiter und führen zu Trinkwasserkontaminationen (Tab. 7.5, Zeile 3). Sie sind nur mit zusätzlichen technischen Reinigungsstufen entfernbar.

Nicht immer wirkt sich die unangemessene Nutzung eines Lebensraumes an der Stelle des Geschehens aus. Typisch für Umweltschäden ist vielmehr ihr Auftreten an den ökologisch sensibelsten Orten. Die erhöhte Emission der Klimagase in den Industrieländern führt zum Auftauen der Dauerfrostböden in den Tundragebieten und beim Abtauen der Polkappen infolge der Erderwärmung steigt der Meeresspiegel und setzt die Atolle in den Südseeinseln unter Wasser. Der völlig abnorme Gebrauch an Kunststoffverpackungen und Einmalprodukten aus Plastikmaterialien führt, wie bereits in Abschn. 7.3 ausgeführt, zur Vermüllung der Weltmeere (Tab. 7.5, Zeile 4). Betroffen sind die Urlaubsparadiese, Orte die mit der Herstellung oder Nutzung der Plastikmaterialien wenig zu tun haben. Zur Eindämmung der Abfälle soll die von der EU getroffene Verordnung zum Verbot von Einmalartikel zwar ab 03.07.2021 auch in der Bundesrepublik Deutschland geltendes Recht werden. Aber diese Reglung stellt für die Umweltverschmutzung durch Plastikabfälle ein kaum wirksames Verbot dar. Erst wenn weltweit nach den drei Prinzipien:

- Abfallvermeidung,
- gut organisierte Sammelsysteme und
- funktionierende Recyclingtechnologien

die Kunststoffabfälle nach einheitlichen Normen entsorgt werden, könnte der weltweiten Vermüllung Einhalt geboten werden.

Besonders schlimm wird von der Bevölkerung die Übernutzung der Lebensräume durch den ungezügelten Autoverkehr zwar wahrgenommen (Tab. 7.5, Zeile 5). Aber die Reaktionen darauf, immer neue Schallschutzmaßnahmen oder Umgehungsstraßen zu bauen, lösen die Belästigungen durch überhöhtes Verkehrsaufkommen nicht (Tab. 7.5, Zeile 6).

Wie verheerend eine hohe Siedlungsdichte in den Ballungsgebieten sich bei Epidemien auswirkt, wissen die Europäer eigentlich nicht erst durch die Corona-Pandemie. Bereits im Mittelalter suchte die wohlhabende städtische Bevölkerung Zuflucht vor der Beulenpest auf ihren ländlichen Anwesen. Sie wussten recht wohl, dass bei niedrigerer Siedlungsdichte das Ansteckungsrisiko auf dem Land geringer als in den Städten war.

Dass in den Ballungsgebieten das Transportaufkommen an Menschen und Material ungleich höher als in ländlichen Regionen ist, stellt eine für jedermann nachvollziehbare Erkenntnis dar (Tab. 7.5, Zeile 7). Ländliche Siedlungen benötigen keine U-Bahnen. Lässt sich in Zukunft das Transportaufkommen noch beliebig steigern? Technisch wohl schon, aber ökologisch eher nicht. Denn mit dem erhöhten Transportaufkommen erhöht sich immer auch der Verbrauch an Energie und damit die CO_2-Emission.

Die Abwanderungstendenz aus dem ländlichen Raum in die Ballungsgebiete lässt sich stoppen. Zum Einen kann man auch in ländlichen Gegenden durch den Ausbau der Telekommunikation neue Arbeitsplätze für das Home Office schaffen. Zum Anderen bietet eine kluge, dezentrale Energieversorgung die Möglichkeit der Industrieansiedlung im ländlichen Raum. Seit der Antike gilt der Grundsatz, dass dort produziert wird, wo Energie verfügbar ist. Das dürfte in Zukunft der ländliche Raum sein. Er stellt mithin ein Refugium gegen die Übernutzung von Lebensräumen dar und gestattet es, eine Volkswirtschaft Energie sparender zu organisieren. Unabhängig vom technischen Fortschritt bei der Gewinnung und Speicherung regenerativer Energien wird man die Energiewende ohne drastische Einsparungen beim Energieverbrauch und damit die vereinbarten Klimaziele nicht erreichen können.

Aufbau und Organisation einer Recyclinggesellschaft

8

Für den Bauernstand stellt das Recyceln eine selbstverständliche Alltagsaufgabe dar. Ein Landwirt weiß, dass er ohne Düngung keine gut Ernten einfahren kann. Der überwiegend nichtbäuerliche Bevölkerungsteil kennt zwar den Begriff einer Kreislaufwirtschaft. Mit dem wöchentlichen Abholen der Mülltonnen erledigt sich das Recyclingproblem aber dann auch für ihn. Wie viel ein Bürger in welche Mülltonne entsorgt und was davon wieder Verwendung findet, beeinflusst den täglichen Arbeitsprozess der Masse der Bürger nicht. Doch mit zunehmender stofflicher und energetischer Verknappung der Ressourcen müssen alle Teile der Bevölkerung in die Recyclingproblematik einbezogen werden. Der Aufbau einer gut organisierten Recyclinggesellschaft stellt damit eine gesamtgesellschaftliche Aufgabe zur Zukunftssicherung dar.

8.1 Stoffliches Recycling

Der Begriff Recycling impliziert vordergründig das Wiederverwenden von Massemetallen wie Fe, Al, Cu, Zn, Pb aus Altgeräten. Tatsächlich ist das Recycling im Wirtschaftsraum der genannten Metalle recht gut organisiert, die Recyclingraten sehr hoch. Die zukünftige Aufgabe besteht in der Ausdehnung eines solchen Recyclingsystems auch auf die **Strategischen Metalle** [79] (Tab. 8.1, Zeile 1). Doch in diesem Wirtschaftssektor gestaltet sich das Aufarbeiten von Altmaterialien weit schwieriger. Die Metalle werden nicht selten in nichtmetallischer Form und in wesentlich geringeren Konzentrationen als die Massemetalle in Elektrogeräten, Batterien, PV-Elementen usw. verwendet. Ein Nichtrecyceln bedeutet bei einigen der Strategischen Metalle, wie z. B. dem Indium, dass bereits heute kein Rohstoff aus Minerallagerstätten mehr beschaffbar ist. Diese Versorgungssituation wird sich in Zukunft schnell auf weitere Strategische Metalle ausweiten, zumal deren Verbrauch mit dem Aufbau der E-Mobilität und Ausbau

B. Adler et al., *Energie- und Produktionswende im ländlichen Raum*, https://doi.org/10.1007/978-3-658-33444-4_8

der Kommunikationssysteme stark ansteigt. Umgekehrt sinkt die potenzielle Verfügbarkeit mineralischer Lagerstätten. Der logische Schluss, die Elektroaltgeräte total
zu recyceln, um alle Metalle zurückzugewinnen, wird in der Praxis bisher nur bei den
Edelmetallen konsequent verwirklicht. Man propagiert zwar bei Elektroaltgeräten hohe
Recyclingraten um ca. 60 %, doch beziehen sich diese Angaben irreführender Weise auf
die Anteile der Massemetalle und nicht auf die wertvollen Strategischen Metalle. Wie
der Recyclinggedanken in der Wirtschaft immer noch sträflich vernachlässigt wird,
zeigt aus der jüngsten Zeit das Beispiel zur Gewinnung des Nb-haltigen SE-Erzes aus
der Lagerstätte bei Storkwitz in der Nähe von Bitterfeld. Das Auffahren der Lagerstätte
wurde nach spektakulären Probebohrungen wieder aufgegeben, weil die Mächtigkeit des
Erzlagers mit 40.000 t SE_2O_3 für eine technische Förderung angeblich zu gering war.
Immerhin würde die erkundete Menge zum Bau aller PMG-Generatoren für Windräder
mit Nennleistungen von 12 MW in Deutschland ausreichen. Der Entschluss der Einstellung der Bergbauaktivitäten stellte eine krasse Fehlentscheidung dar, denn die Lagerstätte befindet sich nur ca. 10 km von einem Chlorstandort entfernt und Nb-Erze müssen
chlorierend aufgearbeitet werden. D. h. ein Teil der Erzaufarbeitungsanlagen existiert
durch die bestehenden Chlor-Alkali-Elektrolysen in Bitterfeld eigentlich bereits. Selbst
wenn die technische Ausbeutung des Erzlagers sich nach einigen Jahren in Storkwitz
erschöpft hätte, wäre mit dem Aufbau eines Recyclingstandortes für Elektroaltgeräte
eine beliebig lange nutzbare Produktionsstätte gegeben. Denn das Recyceln von SE-
Metall haltigem Schrott erfolgt in der ersten Aufarbeitungsstufe mit Wasserstoff. Über
den verfügt ein Chlor-Standort immer, da bei der Chlor-Alkali-Elektrolyse stets beide
Gase, Chlor und Wasserstoff, gewonnen werden.

Sind eigentlich alle technischen Produkte recycelbar, bzw. wo liegen die Grenzen
einer Recyclingwirtschaft? Derzeit zeichnen sich zwei Grenzbereiche ab, eine Toxizi-
tätsgrenze und eine Konzentrationsgrenze. Ein Beispiel für eine toxische Applikations-
grenze stellen Textilien mit eingearbeitetem Nano-Silber dar. Das Silber wirkt auf
Mikroorganismen hoch toxisch. Durchschwitze Sporttextilien bleiben selbst nach
mehrmaligem Tragen ohne Waschen geruchlos. Aber nach einigen Waschgängen
verschwindet die bakterizide Wirkung. Das Ag wird ausgewaschen und gelangt in die
Kläranlagen. Dort wirkt es natürlich weiter bakterizid und schädigt die Mischbiozinose
und damit den Klärprozess. Abgesehen davon, dass das Ag in der Umwelt breit verteilt, für immer verloren geht, wirken diese Textilen Umwelt toxisch und sollten deshalb
verboten werden.

Der Mangel an Strategischen Metallen führt bei allen Herstellern materialsparend
zu immer kleineren Bauteilen, im Grenzfall zur Verwendung nano-dimensionierter
Strukturen. Von Spezialanwendungen abgesehen, lassen sich solche Verdünnungen nur
mit einem extrem hohen chemischen oder energetischen Aufwand recyceln. Eigentlich gelten im Recyclingprozess die gleichen Konzentrationsstufen wie bei der Erz-
aufbereitung. Die thermische Metallgewinnung hat ihre Grenzkonzentration zwischen
1 bis 0,1 %. Kleinere Konzentrationen aufzuschmelzen, lohnt sich wegen der dafür
notwendigen hohen Energiemengen nicht. Auch bei der hydrometallurgischen

Metallgewinnung liegen die Grenzkonzentrationen nur wenig unter denen der thermischen Gewinnung. Hohe Produktionskosten bei den nasschemischen Verfahren werden durch die Aufarbeitung der anfallenden Abwassermengen verursacht. Deshalb stellen Applikationen hoch verdünnter strategischer Metalle nur Scheinlösungen der sich abzeichnenden Rohstoffknappheit dar. Eine Recyclinggesellschaft sollte deshalb sowohl Material sparend auf die Herstellung langlebiger Produkte als auch auf das Recyceln in den Herstellerbetrieben der Geräte orientieren.

Von der Wirtschaft bisher kaum beachtet ist das Recycling der Nichtmetalle C, N oder P. In der Vergangenheit schien die Verfügbarkeit dieser drei Nichtmetalle unbegrenzt. Doch diese Aussage trifft für den Phosphor zukünftig kaum noch zu. Ferner muss das Recyceln von C und N, nicht unter dem Aspekt der stofflichen Wiederbeschaffung, sondern als Beseitigung unerwünschter Abprodukte und der Energieeinsparung gesehen werden, wie im Kap. 5 bereits dargelegt wurde. Das althergebrachte bäuerliche Recycling, den Acker mit Stalldung zu düngen, in Abb. 8.1 mit NP-1 gekennzeichnet, reichte vor 100 Jahren nicht mehr zur Versorgung einer ständig steigenden Bevölkerung aus. Erst durch zusätzliche Gaben von N- oder P-haltigen Kunstdüngern, in Abb. 8.1 mit NP-2 gekennzeichnet, konnte die Getreideproduktion in Deutschland das notwendige Niveau einer Eigenversorgung erreichen. Mit der Entstehung moderner Klärwerke und einer chemischen Klärschlammaufarbeitung, in Abb. 8.1 als NP-3 bezeichnet, wird es möglich sein, mit wesentlich geringeren Mengen an N- bzw. P-Kunstdüngern eine ertragreiche Nahrungsmittelproduktion zu garantieren. Durch eine individuelle Pflanzenversorgung mittels Precision Farming gelingt es zudem zukünftig, weitere Einsparungen von Kunstdünger zu erreichen. Das Zurückdrängen der Kunstdüngerproduktion stellt zugleich eine hohe Energieeinsparung und damit verbunden eine wirksame CO_2-Reduzierung dar. Weltweit werden immerhin allein an Harnstoffdüngemitteln 200 Mio. t/a produziert. Entsprechend hoch sind die CO_2-Emissionen.

Anorganische Stoffe lassen sich, wie gezeigt, mittels thermischer oder nasschemischer Verfahren wieder in ihre Elemente oder andere einfach strukturierte Anorganika recyceln. Auch für organische Reststoffe wurde mit der Biogaserzeugung bereits ein Verfahren zum Totalabbau organischer Materie im Abschn. 4.1 vorgestellt. Mit speziellen biotechnologischen Prozessen kann man aber auch aus organischen Neben- oder Abprodukten neue Wertstoffe gewinnen. Liegen einheitliche Substrate, wie z. B. die Melasse als Zwangsanfall der Zuckergewinnung vor, kann man durch Auswahl der Bakterienstämme, Hefen oder Pilze neue organische Verbindungen gewinnen, z. B. Bioethanol, Citronensäure oder Amylase (Tab. 8.1, Spalte 4). Um jedoch aus heterogenen organische Stoffgemischen, z. B. den industriellen oder kommunalen Abwässern wieder zu neuen Wertstoffen gelangen zu können, muss der Prozess der Biodegradation zweistufig verlaufen. In der ersten Stufe unterwirft man das Stoffgemisch mittels einer Mischbiozinose den Abbau bis zur Bildung von Säuren. In dieser Stufe wird der anaerobe Abbau, der selbstständig bis zur Methanbildung, wie im Abschn. 4.1 gezeigt, weiter verlaufen würde, abgebrochen. Die gebildeten Säuren trennt man aus dem Reaktionsgemisch ab und unterwirft das nun homogene Substrat erneut einem

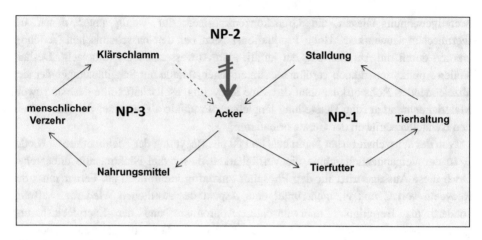

Abb. 8.1 N-,P-Recycling in der Landwirtschaft

Tab. 8.1 Auswahl biotechnologisch hergestellter Produkte

Produkt 1	Mikroorganismus 2	Substrat 3	Verwendung 4
1 Bioethanol	Hefe	Melasse	Lösungsmittel, Biotreibstoff
2 Citronensäure	Aspergillus niger	Abwasser, Melasse	Basischemikalie
3 Amylase	Aspergillus oryzea	Melasse	Stärkeverzuckerung Waschhilfsmittel
PHB	1.Stufe Mischbiozinosen 2.Stufe acidogene Bakterien	Abwasser, org. Säuren	Biopolymer

biotechnologischen Verfahren. Durch einen zweistufigen Abbauprozess gewinnt man u. a. das Biopolymer, die **PHB**, in hoher Reinheit (Tab. 8.1, Zeile 4) [80, 81].

Auch das leidige Problem der Vernichtung von Nahrungsmitteln kann bereits heute durch einen speziellen biotechnologischen Prozess einer eleganten Teillösung zugeführt werden. In einer sogenannten **waste to ressource unit,** einem Container, der gemischte Lebensmittelabfälle aus Kantinen oder Großküchen hygienisiert und dann in ihre Bestandteile z. B. Proteine, Stärke oder Fette zerlegt, findet das Recycling statt. Die genannten Zwischenprodukte dienen zur Produktion einer Algenmasse, die wiederum als Rohstoff zur Nahrungsmittelproduktion einsetzbar ist [82]. Man recycelt mit den Units nicht nur Biomasse, sondern spart zudem auch Transportenergie, denn die Container bilden die Entsorgungseinheit der Großküchen bzw. Kantinen.

Biotechnologischen Verfahren zur Gewinnung von Industrierohstoffen aus Reststoffen werden einerseits für homogene Substrate seit vielen Jahren technisch genutzt. Möchte man andererseits inhomogene Substrate oder Stoffgemische wechselnder Zusammensetzung zu neuen, hochreinen Industriechemikalien recyceln, stehen die genannten Verfahren derzeit aber erst am Anfang ihrer Entwicklung. Dennoch werden zukünftig Mikroorganismen in Recyclingprozessen zur Beseitigung chemischer Abprodukte oder Fehlchargen zunehmend an Bedeutung gewinnen und die bisherigen Praktiken der Reststoffentsorgung durch Aufhalden oder Untertagedeponieren ablösen. Ein striktes Recyclinggebot gilt eigentlich auch für die radioaktiven Reststoffe. Für den Atommüll ein Milliarden schweres Endlager zu bauen, stellt keine ökologische Entsorgung dar und ist zudem politisch umstritten, da niemand strahlende Materialien in seiner Nähe deponiert wissen möchte. Besser wäre die Aufarbeitung der radioaktiven Reststoffe in Dual Fluid Reaktoren. Bei dieser Recyclingtechnologie kann man zumal dringend benötigte E-Energie gewinnen. Der Reaktortyp findet in Russland bereits Anwendung. Die dabei entstehenden Reststoffe besitzen nur noch Halbwertszeiten von weniger als 300 Jahre, sind also wesentlich Umwelt freundlicher, vor allem müssen sie viel kürzere Zeit aufbewahrt werden.

Biotechnologische Verfahren allein stellen beim Abwasserrecycling zwar notwendige, aber nicht hinreichende Prozesse dar. Vielmehr muss der Betreiber einer solchen Recyclinganlage wissen, welche Rückstände zu welchen verkaufsfähigen Wertstoffen umgewandelt werden können und wer als potenzieller Abnehmer für die neuen Chemikalien infrage kommt. Wie organisiert man eine solche logistische Aufgabe, um das zukünftige Recycling marktfähig zu gestalten?

Das Recycling der 33 Strategischen Metalle einschließlich einiger technisch wichtiger SE-Metalle liefert die Metalle unverändert so zurück, wie sie zur Produktion der Güter eingesetzt wurden. Die Menge und die Zahl der Anwender sind überschaubar klein. Man kennt sich in den Beschaffungs- und Verarbeitungskreisen. Ganz anders liegen die Verhältnisse bei den organischen Verbindungen. Ihre Zahl geht in die Millionen, die Anzahl der Hersteller- und Verarbeitungsbetriebe dürfte in der Größenordnung von 10^4 liegen. Selbst Chemiker mit langjährlichen Berufserfahrungen besitzen nicht den Überblick darüber, welche organische Chemikalie mit welcher Reinheit in welcher Firma am sinnvollsten einsetzbar ist. Um diese Aufgabe überhaupt bearbeiten zu können, müssen moderne Data Mining Verfahren zum Einsatz kommen, die alle verfügbaren Informationen zu den Produkten, wie z. B. Eigenschaften oder Mindestreinheiten sowie die Hersteller- und die Verarbeitungsbetriebe verarbeiten können (Abb. 8.2). D. h. der neu entstehende Markt für Recyclingchemikalien lässt sich nur Software unterstützt aufbauen und organisieren.

Das Recycling von Abwasser beschränkt sich in Zukunft nicht allein auf eine stoffliche Wiederverwertung. Vielmehr scheint eine Gewinnung von E-Energie aus organischen Abwasserreststoffen denkbar. Anaerobe **Elektromikroben** können organische Materialien in einem Sauerstoff freien Medium in elektrischen Strom verstoffwechseln und die gewonnene E-Energie mit der Umgebung austauschen. Im Labormaßstab gelingt diese Form der Energiegewinnung bereits [83]. Zur technischen Umsetzung verwendet man Elektrodenmaterialien mit sehr hohen Oberflächen, z. B.

Abb. 8.2 Datenquellen zur
Vermarktung von Abwasser-
Recyclingprodukten

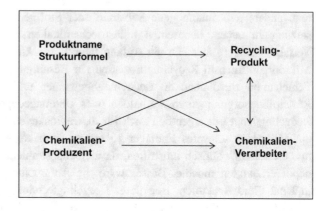

Nanoröhrchen aus Kohlenstoff. Dadurch wird eine dichte Besiedlung mit den exo-
elektrogenen Mikroben auf den Elektrodenoberflächen erreicht. Eine Mikrobenbatterie
für elektrische Kleingeräte z. B. Sensoren oder Handys wäre bereits in nächster Zeit
herstellbar [84]. Natürlich erreicht der Einsatz von Elektromikroben bei der Abwasser-
klärung eine viel höhere Wasserqualität als bei den derzeitigen Verfahren zur Abwasser-
reinigung üblich ist. Der eigentlich umgangssprachlich negativ besetzte Begriff vom
Abwasser wird also eine Umdeutung erfahren müssen. Denn dieser Reststoff bildet
zukünftig sowohl eine wichtige stoffliche als auch energetische Rohstoffquelle.

8.2 Minimierung des Energieverbrauches

Nahrungsmittel regional zu erzeugen, um Transportenergie zu reduzieren, letztlich damit
den CO_2-Ausstoß zu minimieren, findet zwar allgemeine gesellschaftliche Akzeptanz.
Allein die Umsetzung dieser Strategie mit marktregulatorischen Mechanismen war bisher nur im bescheidenen Maße mit dem Betrieb von Hofläden möglich. Die Masse an
Obst und Gemüse wird weiterhin über zum Teil recht große Entfernungen aus südlichen
Ländern herangeschafft. Da dort die Arbeiter Billiglöhne erhalten, scheinen lange Trans-
portwege marktwirtschaftlich vertretbar.

Nur mit einer wesentlich höheren CO_2-Bepreisung auf die Transportenergien ließe sich
eine regionale Versorgung aufbauen (Abb. 8.3). Allein mittels Hofläden ist dagegen ein
regionaler Produktehandel nicht zu organisieren. Entsprechend trägt der derzeitige Ökolandbau auch nur zu ca. 8 % am Handel landwirtschaftlicher Güter bei (Tab. 8.2, Zeile 5).

Auch bei der Energieerzeugung muss sich die Gesellschaft zukünftig auf eine
regionale Versorgung einstellen (Tab. 8.2, Zeile 5). Die Epoche der thermischen oder
kerntechnischen Großkraftwerke und damit einer vorwiegenden zentralen Energieversorgung geht bis 2038 zu Ende. Aus Sicht der sehr hohen Investitionskosten für
Stromtrassen ist es bereits heute äußerst fragwürdig, den Überschuss der erzeugten
Windenergie aus dem Norden zu den Verarbeitungszentren in den Süden des Landes

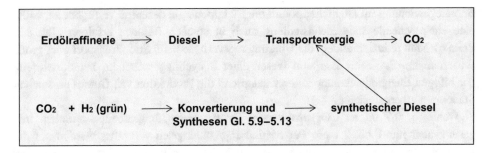

Abb. 8.3   Erzeugung von Transportenergie konventionell und nativ

Tab. 8.2   Kreisläufe und Energieeinsparungen ausgesuchte Prozesse

Kategorie 1	Entstehung 2	Veränderung 3	Organisation 4
Stoffströme			
[1] Strategische Metalle	Altgeräte	Metallrecycling	Gesetzlich
[2] Abwasser	Wasserkonsum	Abwasser Brauchwasser	Gesetzlich
[3] Düngemittel	Klärschlammentsorgung	Ackerdüngung	Gesetzlich marktwirtschaftlich
[4] CO_2	Abfallentsorgung	Methan-, Methanolsynthese	Gesetzlich über CO_2-Bepreisung
Energie			
[5] Transportenergie	Energieverbrauch	Regionale Versorgung	Gesetzlich, marktwirtschaftlich
[6] Agrar-Energie-Komplexe	regionale E-Erzeugung	regionaler Energie-Verbrauch	Genossenschaftlich
soziale Bereiche			
[7] Verwaltung	Energieverbrauch	Reduzierung durch Telekommunikation	Gesetzlich
[8] medizinische Versorgung	Arztpraxen Apotheken	Umstellung auf Telediagnostik	Privatwirtschaftlich, Genossenschaftlich

zu transportieren. Mit dieser Aussage soll nicht etwa das Verbundsystem zur Elektrizitätsversorgung per se infrage gestellt werden. Vielmehr wird lediglich auf einen Standortvorteil von gemeinsamen regionalen Energieerzeugungs- und Produktionsanlagen verwiesen. Die Industrialisierung des Mitteldeutschen Wirtschaftsraumes erfolgte vor 120 Jahren durch die Verfügbarkeit von billigem Braunkohlenstrom, die des Ruhrgebietes auf den dortigen reichen Lagerstätten von Steinkohle. Wenn durch die

Energiegewinnung im ländlichen Raum die Elektroenergie dezentral verfügbar ist, sollte eine entsprechende Industrieansiedlung auch in solchen Räumen erfolgen (Tab. 8.2, Zeile 6). Man reduziert zudem die Übertragungsverluste beim Stromtransport über große Entfernungen. Es gehört also zum Wesen einer Recyclinggesellschaft, Standortvorteile zur billigen Energiegewinnung zu ergründen und die Produktion von Gütern an solchen Standorten zu organisieren.

Wenn ca. 0,7 t/a an CO_2 pro Person für die Verwaltungsarbeiten anfallen, insgesamt aber nur 1 bis 2 t pro Person und Jahr ökologisch verkraftet werden um die Erderwärmung unter 2 K zu halten, muss auch der hohe Energieverbrauch in der Verwaltungen hinterfragt werden. Die Analyse ergibt, dass zu viel Verwaltungspersonal in zu alten, energetisch schlecht isolierten Gebäuden arbeitet. Durch Nutzung der Telekommunikationstechnik und Home Office sollte auch für den Dienstleistungsbereich eine spürbare bessere Nutzung der Energien angestrebt werden (Tab. 8.2, Zeilen 7 und 8). Auch die Verwaltungsinhalte werfen mitunter Fragen auf. Wer schon ein Mal für seine PV-Anlage ein Marktstammdatenregister anlegen musste, fragt sich natürlich, ob dieser enorme Arbeitsaufwand für die Energiewende einen sinnvollen Beitrag liefert.

8.3 Das Gesellschaftsmodell

Das Modell einer Recyclinggesellschaft reduziert sich keinesfalls auf das Sammeln und Wiederverwerten von Altstoffen. Wenn die Elektroenergie allein aus regenerativen Quellen kommt, kann zukünftig immer nur so viel produziert bzw. konsumiert werden, wie Energie aus umliegenden Flächen regenerierbar ist. Von partiellen und zeitlich limitierten Wirtschaftsfeldern abgesehen, kennt die moderne Recyclinggesellschaft kein allgemeines, stetiges Wirtschaftswachstum. Denn dafür existiert keine Energiebasis, wenn man auf fossile Energieträger verzichtet. Die Erdoberfläche ist einfach nicht erweiterbar, deshalb ein Wachstum zukünftig prinzipiell beschränkt. Zu diesem Gedanken gibt es keine Alternative. Die Erkenntnis scheint aber leider in der heutigen Gesellschaft noch unbekannt zu sein, zumindest vermeidet man sie zu propagieren. Schulden im Staatshaushalt sind eben am leichtesten durch Wirtschaftswachstum zu tilgen. Doch die Umsetzung dieses monetären Gedankens wird zunehmend zur ökologischen Falle, die letztlich in einer Klimakatastrophe enden muss.

Neben den obengenannten technischen Problemfeldern zeichnen sich beim Aufbau einer Recyclinggesellschaft folgende thematischen Schwerpunkte ab (Tab. 8.3).

Um die Lebensgrundlage erhalten zu können, scheint ein prinzipielles Verbot der Zersiedlung landwirtschaftlicher Nutzfläche zwingend geboten (Tab. 8.3, Zeile 1). Eine Ansiedelung von Gewerben hat zukünftig nur noch auf recycelten alten Industriebrachen zu erfolgen. Im Vordergrund einer Recyclingwirtschaft steht ferner der Aufbau Energie minimierter Produktions- und Recyclingtechniken bei minimalem Ressourcenverbrauch Tab. 8.3, Zeilen 2 bis 4). In diesem Zusammenhang ist auch die Produktion von Einwegprodukten einzustellen. Die Aussage wird nicht zuletzt durch die These zum sparsamen

Tab. 8.3 Auswahl von Aktivitäten der Recyclinggesellschaft

Aktivität	Bemerkung
[1] Bebauungsverbot für Acker-, Wiesen- und Waldflächen	Erhalt der Produktionsbasis, Erhalt der Habitate
[2] Entwicklung Energie minimierter Produktions- und Recyclingverfahren	Energieminimierung
[3] Minimierung der Reststoffmengen	Stoff- und Energieminimierung
[4] sparsamer Umgang mit mineralischen Ressourcen	Stoff- und Energieminimierung
[5] Reduzierung exaltierter Konsumgewohnheiten	Organisation eines nachhaltigen Lebensstils

Ressourcenumgang gestützt. Notwendig ist schließlich, exaltierte Konsumgewohnheiten zu erkennen, zu benennen und einzustellen, d. h. einen nachhaltigen Lebensstil zu organisieren (Tab. 8.3, Zeile 5).

Die genannten politischen Forderungen zum Aufbau eines neuen, modernen Gesellschaftsmodells stellt sicherlich das schwierigste Problemfeld, zur Bewältigung der Energiewende dar. Aber das Modell Recyclinggesellschaft bietet zugleich eine brauchbare Alternative zum jetzt vorherrschenden Modell der Konsumgesellschaft, einer Gesellschaft, in der Bürger meinen, aus Gewohnheit und Langeweile irgendetwas konsumieren zu müssen. Die gesamte Bevölkerung ist von der Energiewende betroffen und viele der Menschen könnten durch aktive Betätigung sich bei der Umgestaltung selbstverwirklichen. Die derzeit anlaufende Initiative für die **Kopernikus Projekte** bildet einen ersten richtigen Schritt, die Masse der Bevölkerung an der Umgestaltung mitwirken zu lassen. Die Gründung von Agrar-Energie-Komplexen im ländlichen Raum wäre eine weitere Möglichkeit, Teile der Gesellschaft in die energetische Umgestaltung mit einzubeziehen. Eine Unterstützung von Kirchen, Parteien und Verbänden beim Aufbau einer Recyclinggesellschaft ist hierbei eigentlich zwingend geboten. Obwohl der **ÖRK** der Kirchen auf seiner VI. Vollversammlung in Vancouver bereits im Jahre 1983 das Thema Wachstumsbeschränkung aufgriff und die Bewahrung der Schöpfung propagierte, blieb es bei diesem Appell ohne erkennbares Engagement und ohne praktische Resultate. Gerade in Fragen des Konsumverzichtes sind alle gesellschaftlichen Kräfte zur tatkräftigen Mitarbeit gefordert. Ein nachhaltig organisiertes Leben bedeutet keinesfalls ein tristes Leben in einer Mangelwirtschaft, sondern vielmehr ein intelligenter Umgang mit allen Ressourcen. Die Gemeinschaft muss schließlich verinnerlichen, dass zu einem sinnerfüllten Leben auch der Erhalt der Lebensgrundlagen späterer Generationen, die der Enkel und Urenkel, gehört.

Glossar

Agora altgriechisch Fest- oder Versammlungsplatz, Angora Energiewende ist eine Institution der Stiftungen Mercator und der European Climate Foundation in Berlin, die sich u. a. mit Energieprognosen befasst.

Akku wiederaufladbarer Energiespeicher aus galvanischen Zellen.

AWZ <u>A</u>usschließliche <u>W</u>irtschafts<u>z</u>onen, Gebiete in den zu Deutschland gehörenden Teilen von Nord- und Ostsee, die zur wirtschaftlichen Nutzung, also u. a. für Windparks vorgesehen sind (Tab. 9.1).

BHKW <u>B</u>lock<u>h</u>eiz<u>k</u>raft<u>w</u>erk, modular aufgebaute Energiegewinnungsanlage zur Erzeugung von E-Energie und Wärme. Der Antrieb des Stromgenerators erfolgt durch einen Verbrennungsmotor auf Gas- oder Ölbasis.

bifazial lateinisch bi zwei und facies das Äußere, aus der Biologie übernommener Begriff für eine doppelseitige Nutzung.

Blauer Engel Gütezeichen für besonders Umwelt freundliche Produkte oder Dienstleistungen, in Deutschland seit 1978 vergeben. Derzeit besitzen ca. 12 T Produkte von 1699 Firmen dieses Gütesiegel.

Brennwert siehe Heizwert.

BSZ <u>B</u>renn<u>s</u>toff<u>z</u>elle, galvanische Zelle, die die Reaktionsenergie von Brennstoffen in elektrische Energie wandelt. Der Prozess wird auch als kalte Verbrennung bezeichnet.

© Der/die Autor(en), exklusiv lizenziert durch Springer Fachmedien Wiesbaden GmbH, 101
ein Teil von Springer Nature 2021
B. Adler et al., *Energie- und Produktionswende im ländlichen Raum*,
https://doi.org/10.1007/978-3-658-33444-4_9

Tab. 9.1 Maximale Flächenverfügbarkeit und Energieparknutzung

Gebiet	Fläche in 10^3 km²	AWZ in 10^3 km²	Energieäquivalent in GW[a]
Nordsee	> 41	28,5	375,5
Ostsee	15	<4,5	<58,9
Gesamt	> 56	<33	ca. 434

[a] Basis 0,485 GW Leistung von 37 km² Fläche

Als Brennstoffe dienen neben H_2 auch CH_4, CH_3OH oder Erdgas. Der Prozess läuft in **RFC** auch reversibel.

Buna Chemiestandort in Schkopau bei Merseburg heute Industriepark zur Kautschuk- und Kunststoffherstellung.

CCS <u>C</u>arbon Dioxid <u>C</u>epture and <u>S</u>torage, Verfahren zur Abtrennung von CO_2 aus Verbrennungsprozessen und Einpressen des CO_2 in unterirdische Kavernen, z. B. ehemalige Erdöl- oder Erdgaslagerstätten.

Cellulose Gerüstsubstanz pflanzlicher Zellwandungen bestehend aus ß-ständig angeordneten Glucoseeinheiten. In der Stärke liegen diese Einheiten α-ständig verknüpft vor (Abb. 9.1).

cgs-System englisch <u>c</u>entimeter gram <u>s</u>econd Zentimeter Gramm Sekunde, Einheitensystem zur Definition und Umrechnung physikalischer oder mechanischer Größen.

Abb. 9.1 Anordnung der Amylose in Stärke A und Cellulose B

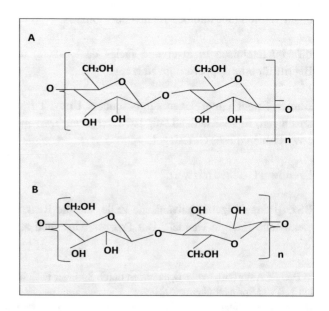

CO₂-Emissionen Die Emissionen von CO_2 beliefen sich im Jahre 2019 in der Bundesrepublik Deutschland in den in Tab. 9.2 aufgeführten Wirtschaftssektoren.

Dual Fluid Reaktor Der Dual-Fluid-Reaktor-Kernreaktor arbeitet mit zwei Kreisläufen: einem Kühlkreislauf, bestehend aus einer flüssigen Pb/Bi-Legierung, die die thermische Energie zu einer Turbine zur Stromgewinnung abführt. Dieser Kreislauf bildet zugleich die Reaktorkühlung. Ein zweiter Kreislauf pumpt das spaltbare Material in Form schmelzbarer Chloride aus ^{37}Cl-Isotopen von spaltbaren Elementen, wie Uran, Transurane oder Thorium in den Reaktorraum. Versagt der Kühlkreislauf wegen irgendeines technischen Defektes, kommt es sofort zum Aufschmelzen eines Schmelzpfropfens, der ähnlich eines Sicherheitsventiles den Reaktorinhalt in ein Beruhigungsbecken abführt und damit die Kettenreaktion abbricht (Abb. 9.2). Ein ganz wesentlicher volkswirtschaftlicher Nutzen an dieser neuen Technologie besteht darin, dass als Brennstoff u. a. auch der Castor-Müll genutzt und damit entsorgt werden könnte. Der Reaktor ist, im Vergleich zu den bisher bekannten Reaktortypen relativ klein. Seine Leistung lässt sich auf 20 MW beschränken [102].

E-Energie im Text gebrauchte Abkürzung für Elektroenergie.

EEG Erneuerbare-Energien-Gesetz, seit dem Jahre 2000 bestehendes und mehrfach novelliertes Gesetz zur Förderung von Elektroenergie aus regenerativen Quellen [29].

EEG-Umlage gesetzlich festgelegtes Steuerelement zur Förderung regenerativer Energien. Die Umlage ergibt sich aus der Differenz zwischen der staatlich garantierten Erzeugervergütung für Elektroenergie und den an der Energiebörse erzielten Erlösen für den Strom. Allerdings erhalten Anlagen > 10 MW keine staatliche Förderung. Derzeit vom Bundeswirtschaftsministerium geplant ist eine Abgabe von 0,2 Cent pro kWh an die Standortgemeinden, um Anreize zum forcierten Ausbau der Windenergie zu erreichen.

Eigenverbrauch Energie, die allein durch zur Bewegung der Massen von Transportfahrzeugen erforderlich ist. Wie viel Energie in der Landwirtschaft durch eine Masse-

Sektor	CO_2-Anteil in % Deutschland
[1] Energiewirtschaft	37,8
[2] Industrie	20,7
[3] Verkehr	18,2
[4] Haushalte	10,2
[5] Landwirtschaft	7,8
[6] Handel/Gewerbe	4,2
[7] Abfall	1,2

Tab. 9.2 Anteil der CO_2-Emissionen [96]

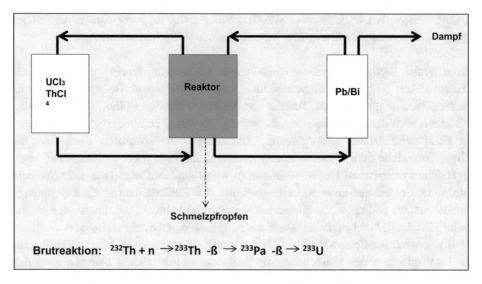

Abb. 9.2 Prinzip des Dual-Fluid-Reaktors

reduzierung der Ackerschlepper bei der Bodenbearbeitung real eingespart werden kann, ergibt sich aus dem Verhältnis von Gerätemasse m und der Verarbeitungsbreite V_{br} der Pflege- bzw. Erntemaschinen $E = f (m/V_{br})$.

Elektromikroben anaerobe Mikroben, die im O_2-freien Medium ihre im Inneren der Zelle erzeugten Elektronen nach außen an die Zellwand abführen. Dazu benutzen sie sogenannte nanowires. Das sind Zellmembranen, die dicht mit Proteinen besetzt sind. Entlang dieser Membranen werden die e^--Ladungen geleitet und können an positive geladenen Metallteilen entladen werden. Es kommt zu einem Stromfluss. Die Mikrobe Shewanella oneidensis gehört u. a. zu diesen Lebewesen. Die Bakterienart erhielt ihren Namen nach dem Lake Oneida bei New York, aus dessen Schlamm sie erstmals isoliert werden konnte.

Elektromagnetisches Spektrum siehe **Umrechnungen U1**

EMK Der Begriff der <u>e</u>lektro<u>m</u>otorischen <u>K</u>raft ist eine historische Bezeichnung für eine Spannung einer galvanischen Kette aus einer Anode und einer Kathode, d. h. im physikalischen Sinne keine Kraft. Der zahlenmäßige Wert der Spannung ergibt sich aus der Differenz der beiden Halbpotentiale von Anode und Kathode.

Energiedichte gespeicherte Energie pro Volumen oder Masse eines Körpers oder Brennstoffes. Sie wird in kWh/m^3 oder kWh/kg bzw. in J/m^3 oder J/kg angegeben und heißt bei Brennstoffen auch Heizwert. Die höchste Energiedichte besitzt der Wasserstoff mit 33 kWh/kg.

Tab. 9.3 Energieeffizienz zur E-Energieerzeugung

E-Erzeugung	Wirkungsgrad in %
Kohlekraftwerk	≤ 40
GuD-Kraftwerk	60
Dieselgenerator	50

Energieeffizienz bei Verbrennungskraftwerken der Quotient aus dem Produkt des spezifischen Heizwertes H_i eines Brennstoffes und dem spezifischen Verbrauch V der Maschine, also seinem Wirkungsgrad η:

$$\eta = 1\big/(\mathbf{H_i} * \mathbf{V}) \tag{9.1}$$

mit: V spezifischer Verbrauch, H_i Heizwert des Brennstoffes (Tab. 9.3).

Liegt z. B. der Heizwert eines Brennstoffes bei 11,6 kWh/kg und der spezifische Verbrauch der Wärmekraftmaschine bei 0,2 kg/kWh, so ergibt sich der Wirkungsgrad der E-Energieerzeugung nach (Gl. 9.1) zu: $1/(11,6 * 0,2) = 0,43$, bzw. zu 43 %. Die Energieeffizienz von PtX-Produkten aus einer kWh Elektroenergie liegt derzeit zwischen 45 und 61 % (Tab. 9.4, Spalte 2).

EO-Zahl Epoxid-O-Gehalt, die EO-Zahl charakterisiert den prozentualen Anteil an Oxyran-(O)-Atomen im Epoxid. Bei Glycidestern von Lein- oder Drachenkopföl erreicht man EO-Zahlen EO > 10.

ETBE Kurzbezeichnung für Ethyl-tert.-butylether $C_2H_5 - O - C\,(CH_3)_3$, Antiklopfmittel, das aus Bioethanol und Isobuten hergestellt wird.

FAO Food and Agriculture Organization of the United Nations, Ernährungs- und Landwirtschaftsorganisation der Vereinten Nationen

Faradaysche Gesetze physikalische Gesetze zur Quantifizierung von Strom- und Stoffmengen. Das erste Gesetz definiert die Proportionalität zwischen Strommenge und

Tab. 9.4 Produktausbeute pro eingesetzte kWh von PtX-Produkten [101]

Produkt	Effizienz in % (Stand 2020) 2	Effizienz in % (zukünftig) 3
H_2 gasförmig	61	70
CH_4 gasförmig	52	61
CH_3OH	45	56
Synthetischer Diesel	45	53

abgeschiedener, d. h. erzeugter Stoffmenge bei einer Elektrolyse. Das zweite Gesetz besagt, dass die abgeschiedene Menge eines Ions proportional seiner Ionenmasse geteilt durch seine Ladung, also dem sogenannten **Val** ist. Vereinigt man beide Aussagen, so gilt bei konstanter Stromstärke:

$$m = k * I * t \tag{9.2}$$

mit: m abgeschiedene Masse in g, I Stromstärke in A, t Elektrolysezeit in h und k = Ä/26,8, mit Ä Grammäquivalent des erzeugten Stoffes in g/val.

Die Größe 26,8 wird zu Ehren Faradays auch als Faradaykonstante F bezeichnet. Sie beträgt F = 26,8 Ah/val bzw. F = 96 485 As/val. Die Faradayschen Gesetze bilden sowohl für die Elektrolyse als auch für Laden von Batterien, Akkus oder galvanischen Zellen oder Brennstoffzellen den grundlegenden Zusammenhang zwischen den Stoff- und Strommengen sowie der Ladezeit.

Feinstaub Bezeichnung für Staubpartikel mit einer Durchmessergröße von $0,1 < d < 20$ μm. Dabei beruht die Klassifizierung der Teilchen auf ihre Eindringtiefe in den menschlichen Körper. Teilchen mit einem Durchmesser von 10 μm reizen die oberen Atemwege, Teilchen mit 2,5 μm dringen bis in das Lungengewebe ein und schädigen es. Die Teilchen werden durch PM_{10} bzw. $PM_{2,5}$ -Werte charakterisiert. Man schätzt, dass in Europa jährlich ca. 400 T Menschen an Krankheiten, durch Feinstaub verursacht, versterben [103].

Fermentation lateinisch fermentare gärend machend, mikrobielle oder enzymatische Umwandlung organischer Stoffe mittels Bakterien, Pilzen, Zellkulturen oder Enzymen zu Zuckern, Biogas, H_2, CH_3COOH oder C_2H_5OH.

Festmeter als Festmeter, fm, wird nur die feste Holzmasse in einem Volumen von 1 m^3 definiert. Je nach Geometrie der Holzscheite oder Schnitzel kann ein Raummeter, 1 rm, unterschiedliche Festmeter enthalten, bei unverarbeiteten Rundhölzern entspricht 1 fm ca. 1,4 m^3. Gespaltenes Schichtgolz von 1 m Länge enthält in 1 rm dagegen nur 0,63 fm und Holzscheite mit 0,35 m Kantenlänge enthalten nur 0,5 fm Holz. Bei Holthackschnitzeln definiert man den Schüttraummmeter, srm. 1 srm entspricht 0,5 fm.

Fettsäuren Chemische Grundbausteine der nativen Öle und Fette bestehend aus einer Carbonsäuregruppe und einer aliphatischen Kette. Die Notation der Fettsäuren erfolgt in zwei unterschiedlichen Systemen. Bei der IUPAC-Notation, in Abb. 9.3, Grün gekennzeichnet, bildet das C-Atom der Carboxylgruppe die Zählbasis; bei der ω-Notation in der Lebensmittelchemie, in Abb. 9.3 Rot gekennzeichnet, dagegen die CH_3-Gruppe der Kohlenstoffkette. So lautet in der IUPAC-Notation die Bezeichnung für die α-Linolensäure cis-(9, 12, 15)-Octadecatriensäure, bzw. (9Z, 12Z, 15Z)-Octadecatriensäure. Zum anderen ist es in der Lebensmittelchemie üblich, diese Fett-

H₃C- CH2-CH=CH-CH2-CH=CH -CH2-CH=CH (CH2)7-C=OOH

Abb. 9.3 Notationen der Linolensäure Grün IUPAC-Nomenklatur, Rot ω-Nomenklatur

säure als C18:3 (ω-3)-Fettsäure zu bezeichnen, denn 3 C-Atome von der CH_3-Gruppe entfernt befindet sich die erste Doppelbindung. Die Carboxylgruppe sitzt am α-C-Atom der Kohlenstoffkette, deshalb die IUPAC-Bezeichnung α-Linolensäure. Die Methylgruppe am entgegengesetzten Ende der Kette wird, dem griechischen Alphabet entsprechend, dann als ω-Position bezeichnet. Der Linolsäure käme in diesen Notationen der Lipidname C18:2 (ω-6)-Fettsäure bzw. in der IUPAC-Notation die Bezeichnung cis-(9,12)-Octadecadiensäure zu. Die Doppelbindungen ungesättigter Fettsäuren (Tab. 9.5) sind sterisch cis-formig angeordnet. **Trans-Fettsäuren** entstehen u.a. bei der Härtung der Öle durch Isomerisierung in geringen Mengen.

Fossile Energieträger C-haltige Energieträger aus gespeicherter Sonnenenergie vergangener Zeiten mit unterschiedlichen Heizwerten und damit auch CO_2-Äquivalenten (Tab. 9.6).

Geopolymere anorganisch-mineralische Polymere, bestehend aus Silikaten oder Alumosilikaten, die zukünftig zum Zement alternative Bindemittel der Baustoffindustrie bilden. Zur Abbindereaktion siehe **Puzzolane.**

Grenzwerte CO_2 Parameter zur Charakterisierung der CO_2-Emissionen von Straßenfahrzeugen. Bei PKW-Neuwagen gilt im Flottendurchschnitt bis zum Jahre 2021 ein zulässiger Grenzwert von 95 g CO_2/km und bildet den Basiswert. Bis zum Jahre 2030 muss dieser Wert um 37,5 % abgesenkt werden. Für Nutzfahrzeuge, also Lkw und

Tab. 9.5 Notationen ungesättigter Fettsäuren

Trivialname [1]	IUPAC-Name [2]	Lipidname [3]
[1] Ölsäure	(9)-Octadecensäure	18:1 (ω-9)-Fettsäure
[2] Arachidonsäure	(5, 8, 11,14)-Eicosatetraensäure	20:4 (ω-6)-Fettsäure
[3] Erucasäure	(13)-Docosensäure	22:1 (ω-9)-Fettsäure
[4] Ricinolsäure	(9)-12-Hydroxy-octadecensäure	18:1 (ω-9)-12-Hydroxyfettsäure
[5] Vernolsäure	12,13-Epoxy-9-cis-otadecensäure	18:1 (ω-9)-cis-Epoxyfettsäure

Tab. 9.6 CO_2-Emissionen fossiler Energieträger und CO_2-Äquivalente

Energieträger	kg CO_2 /kWh	Energieträger	kg CO_2 /kWh
[1] Benzin (Erdöl)	0,25	[6] Braunkohle	0,36
[2] Diesel (Erdöl)	0,26	[7] Torf	0,38
[3] Heizöl leicht (Erdöl)	0,266	[8] Steinkohle	0,34
[4] Heizöl schwer (Erdöl)	0,28	[9] Naturgas	0,20

Busse, verringern sich die Abgasgrenzwerte bis 2025 um 15 % bzw. bis 2030 um 30 % gegenüber den derzeitigen (2019) Emissionen [97].

Grundlast Leistungsangabe zur Charakterisierung eines Stromnetzes während eines ganzen Tages. Sie liegt in Deutschland bei ca. 40 Gigawatt, im Gegensatz zur Jahreshöchstlast mit 75 bis 80 Gigawatt. Als Grundlastkraftwerke bezeichnet man jene Kraftwerke, die ununterbrochen und möglichst nahe an der Volllastgrenze betrieben werden können. Hierzu gehören die Kohle- und die Kernkraftwerke, aber nicht die Energiegewinnung aus Wind- und Solarstromanlagen.

GuD $\underline{G}$as- und $\underline{D}$ampfturbinen-Kraftwerk, Kraftwerk nutzt primär die Geschwindigkeit der Verbrennungsgase und sekundär den Dampf aus dem Abhitzekessel zum Antrieb von zwei unterschiedlichen Turbinensätzen.

Heizwert Maß für die spezifisch nutzbare Wärmemenge eines Brennstoffes ohne Berücksichtigung der Kondensationsethalpie des Wasserdampfes zum Unterschied zum Brennwert, dessen Größe unter Angabe der Kondensationsenthalpie erfolgt. Deshalb liegen die Brennwertangaben über denen der Heizwerte.

HMF $\underline{H}$ydroxy$\underline{m}$ethyl$\underline{f}$ufural, auch als 5-Oxymethylfurfurol bezeichnet, eine aus Zucker durch Abspaltung von Wasser gebildete Plattformchemikalie der Zuckerchemie.

Herbizid lateinisch herba Kraut und caedere töten, Unkrautbekämpfungsmittel, z. B. in Form der Photosynthesehemmer Paraquat oder Diquat oder des Aminosäuresynthesehemmer Glyphosat.

Hoftorbilanz Instrument zur Beurteilung einer Grundwasser schonenden Landbewirtschaftung als Differenz aller N-haltigen Bodenzu- und –abführungen. Zur Bodenzufuhr gehören u. a. mineralische N-Düngemittel, Futtermittel, Einkauf von Vieh- oder Saatgut, zur Bodenabfuhr die verkauften Tiere oder Pflanzenmasse.

Humus lateinisch Erde, Erdboden, Gesamtheit aller feinzersetzter organischer Materie im Erdboden, der durch den enzymatischen Abbau der Bodenorganismen gebildet wird.

Der Humusgehalt beackerter Böden schwankt je nach Bodenbeschaffenheit zwischen 1,8 bis 2,5 % [98] (Tab. 9.7). In stabilen Ökosystemen wie Wald oder Moorböden verändert sich der Humusanteil im Boden nicht. Es findet ein kontinuierlicher Auf- und Abbau von Humus statt. Ein Humusabbau erfolgt sowohl durch die Bodenbearbeitung (Tab. 9.8) als auch durch den Pflanzenanbau von sogenannten Humuszehrern wie Silomais oder Zuckerrüben.

Der Humus regeneriert sich bei pfluglosem Anbau, durch Einbringen von Stalldünger oder von Terra Preta in den Ackerboden. Pro und contra zum pfluglosen Pflanzenanbau sind in Tab. 9.8 zusammengestellt.

hydrophil altgriechisch hydor Wasser philos liebend, wasserliebend, organischer Stoff, der in Wasser gut löslich ist.

hydrophob altgriechischen hydor Wasser und phobos Furcht, wassermeidende bzw. Wasser abstoßende Stoffe, z. B. Paraffine, Öle oder Fette.

Hypos Hydrogen Power Storage and Solutions, Projekt des Fraunhofer Institutes für Mikrostruktur von Werkstoffen und Systemen (IMWS) Halle zur Herstellung und Speicherung von H_2.

IPCC Intergovermental Panel of Climate Change, auch als Weltklimarat bezeichnet, wurde 11/1988 vom Umweltprogramm der Vereinten Nationen gegründet.

Tab. 9.7 Mittler Humusgehalten in Böden

Bodenart	mittlerer Gehalt in %	Bemerkung
Sandiger Boden	1 bis 2	
Beackerter Boden	1,8 bis 2,5	
Sandiger Lehmboden	ca. 3	
Grünland	5 bis 8	obere 10 cm
Moorboden	ca. 84	

Tab. 9.8 Beurteilung einer pfluglose Bodenbearbeitung [98, 100]

pro	contra
Erosionsschutz	Bodenverdichtung
Energie sparend	Mäuse- und Schneckenplage
Zeit sparend	Verkrautung
Geringere Austrocknung der Ackeroberfläche	Verpilzung

IWH Institut für Wirtschaftsförderung Halle

Jatrophaöl Öl aus den Samenkernen der strauchähnlichen Pflanze Jatropha curcas, wegen seiner Giftigkeit auch als Pugier- oder Höllöl bezeichnet. Der Samenkern enthält ca. 46 bis 58 % Öl, davon entfallen 30 bis 48 % auf Ölsäure- und 29 bis 46 % auf Linolsäureglycide.

KfW Kreditanstalt für Wiederaufbau, weltweit größte, nationale Förderbank der Bundesrepublik Deutschland, 1948 gegründet.

KKW Kernkraftwerke, mitunter auch als AKW für Atomkraftwerke bezeichnet

Kohlensäure bildet sich aus einem Gleichgewicht von Kohlendioxid und Wasser:

$$CO_2 * H_2O \rightleftarrows H_2CO_3 \qquad (9.3)$$

Je mehr CO_2 beim Ausstrippen entfernt wird, um so mehr verschiebt sich das Gleichgewicht in Richtung Zerfall der Kohlensäure.

Kopernikus Projekte vom Bundesministerium für Bildung und Forschung konzipierte Befragung der Bürger zum Thema „Die Zukunft unserer Energie".

Korobon verleimter Graphitwerkstoff, im CKB Bitterfeld erfunden, hoch säurefest mit sehr guter Wärmeleitfähigkeit.

Kraftstoffe für Fahrzeuge mit Verbrennungsmotoren dienen die aus fossilen Rostoffen gewonnenen Kraftstoffe aus Benzin, Kerosin und Dieselöl (Tab. 9.9). Sie werden nach Kenngrößen wie: Dichte, Heizwert oder CO_2-Äquivalenten charakterisiert.

LEAR Low Erucic Acid Rapeseed, Rapsorte mit niedrigem Erucasäureanteil

Leuna Chemiestandort südlich von Merseburg, ehemals bekannt für die Hochdrucksynthesen zur Erzeugung von Ammoniak, Methanol und Treibstoffen aus Kohle, heute

Tab. 9.9 Kennwerte Benzin und Diesel [99]

Kenngrößen	Benzin	Davon Flugbenzin	Diesel
Verbrauch in Mio. m³/a	25		20,8
Dichte (15 °C) in kg/l	0,72–0,775	0,757–0,84	0,82–0,845
Heizwert in kWh/kg	11,1–11,6	11,9	12,6
CO_2-Äquivalent kg CO_2/l	2,32		2,62

Chemiepark für 30 Chemiebetriebe und 10 T Mitarbeitern zur Herstellung von Kraftstoffen und technischen Gasen, auch von grünem Wasserstoff.

Lignin lateinisch Lignum Holz, phenolisches Biopolymer, das in pflanzlichen Zellwänden eingelagert, das Verholzen der Pflanzenteile bewirkt. Lignin ist ein persistenter Naturstoff und Humusbestandteil, der nur langsam biologisch abgebaut wird. Der Zwangsanfall an Lignin bei der Zellstoffproduktion beträgt weltweit ca. 50 Mio t/a. Wegen seiner komplexen Struktur aber auch seiner Inhomogenität findet bisher vorwiegend nur eine energetische Nutzung des Lignins statt.

LKAB Luossavaara-Kiirunavaara Aktiebolag schwedischer Bergbaukonzern, 1890 in Lulea gegründet.

Melasse Spätlatein mellazium Mostsirup, schwarzer, hochviskoser Zuckersirup, Nebenprodukt der Rübenzuckerproduktion mit ca. 60 % Saccharose und 3 % anorganischen Salzen, Hauptverwendung für Tierfutterpellets und bei biotechnologische Prozessen als Substrat.

Mellithsäure Benzolhexacarbonsäure $C_6(COOH)_6$, früher als Honigsteinsäure aus der Ammendorfer Braunkohle extrahiert.

MIBRAG Mitteldeutsche Braunkohlengesellschaft.

Netzagentur Bundesbehörde, die den Wettbewerb von fünf Netzen: Elektrizität, Gas, Telekommunikation, Post und Eisenbahn kontrolliert und dem Wirtschaftsministerium unterstellt ist.

Nitrifikation/Denitrifikation mikrobiell-chemische Prozesse zum Abbau anorganischer Stickstoffverbindungen in der Natur bzw. bei der Trinkwasseraufarbeitung.

NMVOC Non-Methan Volatile Organic Compound nicht methanhaltige, flüchtige organische Verbindungen, bei deren Umgang Teilmengen, durch ihren relativ hohen Dampfdruck bedingt, bereits bei 300 K in die Atmosphäre entweichen können.

Nocebo-Effekt lateinisch nocere schaden, Auslösung krankhafter Erscheinungen ohne Einwirkung physikalischer Einflussfaktoren.

ÖRK Ökumenischer Rat der Kirchen, auch als Weltkirchenrat bezeichnet, 1948 in Amsterdam gegründet ist derzeit ein Zusammenschluss von 348 Mitgliedskirchen in 120 Ländern.

Ozon altgriechisch ozein riechen, Molekül aus drei Sauerstoffatomen bestehend, starkes Oxidationsmittel, Herstellung aus trockenem O_2 mittels Elektrophorese:

$$3\ O_2 + \Delta E \longrightarrow 2\ O_3 \tag{9.4}$$

Ozon entsteht in der Natur durch Sonneneinstrahlung durch Einwirkung von UV-C-Strahlung mit Wellenlängen $\lambda < 252$ nm aus Luftsauerstoff. Technisch stellt man Ozon aus Luftsauerstoff durch Kaltentladung in einem Ozongenerator her. Für 1 kg O_3 benötigt man 7 bis 14 kWh an Energie. O_3 ist nicht transport- und lagerfähig. Es wird immer am Ort seiner Verwendung erzeugt.

PAK P̱olycyclische A̱romatische Ḵohlenwasserstoffe, Sammelbegriff für aromatische Kohlenwasserstoffe, die aus mehreren Benzenringen bestehen mit z. T. toxischen oder gentoxischen Eigenschaften [7].

Panemone altgriechisch pan jeder und anemos Wind, lotrecht stehende Windgeneratoren. Sie arbeiten unabhängig von der Windrichtung, d. h. benötigen bei Windrichtungsänderungen keine Nachführung.

Paraffine Gemisch gesättigter Kohlenwasserstoffe C_nH_{2n+2} mit: $14 \leq n \leq 30$, geruchlose, nicht toxische Verbindungen, die als Rohstoffe zur Papier- und Kosmetikherstellung eingesetzt werden. Die erste industrielle Großextraktion zur Paraffingewinnung geht auf Pläne von E. Riebeck in Wansleben im Oberröblinger Kohlerevier zurück und ging im Jahre 1905 in Betrieb. Heute arbeitet in diesem Revier in Amsdorf noch eine industrielle Großanlage. Der Kohle haltige Extraktionsrückstand heißt Trockenkohle und wird im Kraftwerksbetrieb entsorgt.

Pariser Klimaschutzkonferenz vom Dezember 2015, Vereinbarung von 196 Staaten, auf der als Obergrenze der Erderwärmung < 2 K festlegt wurde.

PEF P̱oly ̱ethylen ̱furanoat nativer biologische abbaubarer Kunststoff auf Zuckerbasis.

Pelargonsäure gesättigte Monocarbonsäure $C_8H_{17}COOH$ mit Herbizideigenschaften, als Bioherbizid gehandelt.

PEM p̱roton e̱xchange m̱embrane Abkürzung für eine H_3O^+-Ionen durchlässige Polymermembran, mitunter auch als p̱olymer e̱lectrolyte m̱embrane bezeichnet, Sie trennt stofflich den Kathoden- vom Anodenraum, nur die Protonen können die Membran passieren.

Pestizide lateinisch pestis Geißel caedere töten, Bezeichnung für Chemikalien die schädigende Lebewesen abtöten. Zu ihnen gehören z. B. **Herbizide**, Biozide, Tierarzneimittel,

Beizmittel, Bakterizide oder Fungizide. Im Jahre 2020 wurden allein in der Landwirtschaft 138 verschiedene Pestizide eingesetzt.

PHB Polyhydroxybuttersäure **H--O-{CH(CH$_3$)CH$_2$-C=O -}$_n$-OH**, fermentativ hergestellter Polyester, eigentlich Energiespeicher der Bakterien, der extraktiv aus Zellkulturen gewonnen und u. a. in der Medizin als Stand zum Aufweiten von Blutgefäßen eingesetzt wird.

PMG Permanent Magnet Generator, ein Elektrogenerator, der statt elektromagnetischer Spulen das Magnetfeld durch starke Permanentmagnete aus SE-Metall-Legierungen aufbaut. Diese Magneten bestehen aus Legierungen der Metalle Nd oder Pr, deren Oberfläche mit Dy vergütet ist [79].

PM$_{10}$ Charakterisierung von Feinstäuben mit einer Korngröße $\leq$ 10 μm Durchmesser. Dabei steht die Bezeichnung PM für Particulate Matter. Der Grenzwert für PM$_{10}$ liegt in der EU als Jahresmittelwert bei 20 μg/m^3.

Polarisation In der Elektrochemie versteht man unter Polarisation die Ausbildung einer Gegen-EMK, die der angelegten Elektrolysespannung entgegen gerichtet ist. Erst nach Aufbringen einer Zersetzungsspannung ($e_A - e_K$) fließ ein Faradayscher Strom der Größe I * R:

$$U = I * R + (e_A - e_K) \tag{9.5}$$

mit: e_A Potenzial der Anode, e_K Potezial der Kathode
   und die Elektrolyse beginnt. Die Polarisation kann sowohl aus einem reversiblen als auch irreversiblen Anteilen; **Überspannung** genannt, bestehen.

Precision Farming Verfahren der ortsdifferenzierten, zielgenauen Bewirtschaftung landwirtschaftlicher Nutzflächen durch intelligente Robotnik.

Proteine native Polymerstrukturen aus peptidverknüpften Aminosäuren (Abb. 9.4), umgangsprachlich auch als Eiweiße bezeichnet.

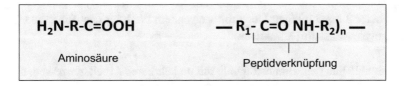

Abb. 9.4 Aminosäure und Peptidverknüpfung R, R$_i$ C-haltiges Gerüst

Die Anzahl n der Aminosäurebausteine schwankt zwischen 2 und $30 * 10^3$. Man unterscheidet zwei Hauptgruppen von Peptiden: die kugelförmigen, Wasser löslichen globulären Peptide und die Wasser unlöslichen fibrillären Peptide. Zur erstgenannten Gruppe gehört u. a. das Hühnereiweiß, zur zweiten die faser- oder fadenförmigen Peptide, die dem Muskel- oder Gerüstaufbau dienen, z. B. das Keratin der Haare.

PtX englisch sprachiges Akronym für $\underline{P}$ower $\underline{t}$o $\underline{X}$, für X = G, auch als P2G- Anlagen bezeichnet, Anlagen zur Konvertierungen von E-Energie in andere Energieformen und Wärme.

Puzzolan SiO_2 haltiges, vulkanisches Gestein, das mit Wasser sowohl im alkalischen Milieu mittels $Ca(OH)_2$ katalysiert, als auch im sauren Milieu mit Fruchtsäuren katalysiert abbindet:

$$[SiO_2]_n \xleftarrow{H^+} n\ SiO_2 \xrightarrow{OH^-} [SiO_2]_n \tag{9.6}$$

Der Name ist vom antiken Fundort Puteoli (Puzzoli) westlich von Neapel gelegen abgeleitet.

PV-Element $\underline{P}$hoto$\underline{v}$oltaik Element, Halbleiterelement, das Sonnenlicht in elektrischen Gleichstrom wandelt

Reformingprozess Der Dampfreforming-Prozess produziert grauen Wasserstoff durch Umsetzung von Methan mit Wasserdampf:

$$CH_4 + H_2O \rightleftarrows CO + 3\ H_{2(grau)} \tag{9.7}$$

Die Reaktion ist stark endotherm. Deshalb muss die notwendige Reaktionswärme durch eine Teilverbrennung des CH_4 zu CO aufgebracht werden:

$$2\ CH_4 + O_2 \rightleftarrows 2\ CO + 4\ H_2 \tag{9.8}$$

Zur Erhöhung der Wasserstoffausbeute konvertiert man das nach Gl. 9.7 gebildete CO zu CO_2 und H_2 (Wassergasgleichgewicht):

$$CO + H_2O \rightleftarrows CO_2 + H_2 \tag{9.9}$$

Ökologisch nachteilig ist die CO_2-Bildung nach Gl. 9.9. Zwar ist ökonomisch derzeit die Bildung von grauem Wasserstoff gegenüber dem durch Elektrolyse gebildeten grünem um den Faktor 2 bis 3 billiger. Doch mit steigendem Preis für das Abprodukt CO_2 wird der Elektrolysewasserstoff attraktiver.

RFC $\underline{r}$eversible $\underline{f}$uel $\underline{c}$ell, Brennstoffzelle mit umkehrbaren Arbeitsprozessen, die sowohl E-Energie in H_2 als auch umgekehrt H_2 in Strom wandeln kann.

Regelarbeitszeit Begriff aus der Energiewirtschaft zur Umrechnung der installierten Kraftwerksleistung von kW in Kraftwerkskapazität von kWh. Dazu dient der Faktor von 4600 h als Regelarbeitszeit, auch als Volllaststunden bezeichnet. Die Leistung eines Wasserkraftwerkes von 4,7 GW entspricht dann einer jährlichen Kapazität von 21,62 TWh. Die Regelarbeitszeit ist eine technische Größe. Sie entspricht nur etwa der Hälfte der jährlichen Stundenzahl von 8760 h.

Reinigungsmittel zum Umwelt freundlicheren Putzen im Haushalt reichen fünf Reinigungsmittel: Essigsäure, Citronensäure, Spiritus, Natron und Kernseife [101] Die genannten organischen Chemikalien sind leicht biologisch abbaubar.

RES Rapsextraktionsschrot aus der Ölsaat Raps durch Extraktion mit n-Hexan und anschließend mit Wasserdampf gewonnener hoch Protein haltiger Rückstand, der zur Tierverfütterung eingesetzt wird. Der Proteingehalt liegt bei < 35 %.

SE-Metalle 14 Elemente aus der Untergruppe der Seltenen Erden. Für die Erzeugung und Speicherung von E-Energie werden vor allen die Elemente Ce, La, Nd, Pr und Dy eingesetzt [79].

SE-Metall Recycling Bei der Umsetzung der SE-Magnete mit H_2 entstehen nicht-flüchtige, salzartigene SE-Hydride; z. B. aus $Nd_2Fe_{14}B$ das Hydrid $NdH_{(2+x)}$ [96]. Die Wasserstoff-Legierung besitzen keine metallischen Eigenschaften mehr. Das Magnetmaterial versprödet und kann leicht zerkleinert werden. Bruttomäßig lässt sich die Umsetzung unter Hydridbildung am Beispiel der NdFeB-Legierung wie folgt formulieren:

$$Nd_2Fe_{14}B + (2 + -X)H_2 \longrightarrow 2\,Nd(H)_{2+-X} + 12\,Fe + Fe_2B, \qquad (9.10)$$

wobei x die Menge der eingelagerten H-Atome eine Funktion von Druck und Temperatur ist. Man arbeitet mit Temperaturen im Bereich von 973 bis 1073 K bei Normaldruck.

semitransparent lateinisch semi halb und transparere durchscheinen, in Verbindung mit PV-Elementen sowohl Strahlung absorbierende als auch Strahlung durchlässige Paneele mit einstellbaren Durchlässigkeiten.

Silphie botanisch Silphium perfoliantum, gelbblühende, mehrjährige Bioenergiepflanze, ursprünglich aus Nordamerika stammender Korbblütler

SMR small modular reactor, kleiner transportabler Kernreaktor mit etwa 20 MW Leistung

SOFC S̲olid O̲xide F̲uel C̲ell, Hochtemperatur Brennstoffzelle aus keramischem Material, bei der der Landungstranport durch O^{2-}-Ionen erfolgt.

Solarthermie Erzeugung von Wärmeenergie aus Sonnenenergie mittels Wärmekollektoren. In Deutschland beträgt die mittlere Strahlungsleistung der Sonne allerdings nur etwa 120 W/m^2.

SOM s̲oil o̲rganic m̲atter, organische Materie im Boden. Hierzu gehören die lebende organische Materie (Tab. 9.10), auch als Biomasse bezeichnet und die tote organische Materie, **Humus** genannt.

SSAB S̲venskt S̲tal A̲ktiebolag schwedischer Stahlkonzern mit Sitz in der Stadt Lulea‘

SSK S̲trahlens̲chutzk̲ommission, 1974 gegründetes Beratungsgremium der Bundesregierung in Angelegenheiten des Schutzes vor ionisierender und nicht ionisierender Strahlung

Stack Bezeichnung für eine galvanische Zelle aus mehreren Kammern, vom engl. stack für Stapel abgeleitet.

Stärke Pflanzenbestandteil aus α-ständig verknüpften Glusoseeinheiten, vergleiche auch **Cellulose**

Strategische Metalle auch als Industriemetalle bezeichnet, sind Metalle, die in Hightech-Produkten Verwendung finden. Zu Ihnen gehören die Hauptgruppen Elemente Li, Ga, Ge, As, Se, Sn, Sb und Te, die Edelmetalle Ag, Au, Pd und Pt, die refraktären Metalle Nb, Ta und W sowie einige SE-Metalle.

Struvit in Wasser schwerlösliches Ammonium-magnesium-phosphat $NH_4MgPO_4 * 6$ H_2O, ein in der Natur vorkommendes Mineral

Tab. 9.10 Zusammensetzung der lebenden organischen Materie

Lebewesen	Menge in %	Beispiele
Bakterien	40	Pseudomonas, Streptomyces, Bacillus
Algen, Flechten und Pilze	40	
Regenwürmer	12	
Makrofauna	5	Insekten (z. B. Asseln, Spinnen ,Käfer)
Mikrofauna	3	Amöben, Fadenwürmer

Terra Preta potugisisch schwarze Erde, auch als Indianer-Schwarzerde bezeichnet, Mischung aus Holzkohle, Kompost und Fäkalien, von den Indianern des Amazonasbeckens erfunden

TLL Thüringische Landesanstalt für Landwirtschaft mit Sitz in Dornburg/Saale

TRBS Technische Regeln für Betriebssicherheit. Speziell für den Umgang mit H_2 berät der TÜV SÜD über das Gefährdungspotenzial und zertifiziert Anlagen.

UBA Umweltbundesamt, Bundesbehörde mit Hauptsitz in Dessau

Überspannung heißt bei Elektrolysen jene Potentialdifferenz, die sich zwischen dem Redoxpotenzial der beiden Halbpotenziale und der tatsächlich anliegenden Spannung ergibt. Sie setzt sich aus dem anodischen und kathodischen Anteil zusammen:

$$\Delta E = \eta_A + \eta_K \tag{9.11}$$

Ursache der Überspannung können zu hohe Stromdichten, Diffusionsprozesse der Elektrolyten, Adsorption und Desorptionen der Reaktanten an den Elektrodenoberflächen oder die Struktur des Elektrodenmaterials sein (Tab. 9.11).

Überspannungen treten auf, wenn Elektrolysereaktionen kinetisch gebremst sind. Dabei bestimmt der langsamste Reaktionsschritt die Höhe der Überspannung. Bei der Elektrolyse von Wasser treten zur Bildung von Wasserstoff fünf Reaktionen auf:

$$H_3O^+ \rightleftarrows H_2O + H^+ \tag{9.12}$$

$$H^+ + e^- \rightleftarrows H \tag{9.12.1}$$

$$H \rightleftarrows H_{(adsorbiert)} \tag{9.12.2}$$

$$2\,H_{(adsorbiert)} \rightleftarrows H_{2\,(adsorbiert)} \tag{9.12.3}$$

$$H_{2\,(adsorbiert)} \rightleftarrows H_{2\,(gasförming)} \tag{9.12.4}$$

	Metall	Oberfläche	Überspannung in V
Tab. 9.11 Überspannung an Elektrodenmaterial bei der H_2 Abscheidungen	Pt	Platiniert	− 0,003
	Pt	Glatt	− 0,09
	Fe	Glatt	− 0,25
	Hg	Glatt	− 0,83

Die Entladung des Wasserstoffs an Metalloberflächen (Gl. 9.12.1) ist die langsamste Reaktion und bestimmt die Höhe der Überspannung.

Beispiel

Bei der Elektrolyse wässriger HCl sind zwei unterschiedliche Reaktionen denkbar, ein Mal die Elektrolyse von HCl unter Bildung von Cl_2 und H_2, zum Anderem die Elektrolyse des Wassers unter Bildung von O_2 und H_2. Letztgenannte Reaktion unterbleibt jedoch, da überspannungsbedingt ihr Potenzial mehr als einem Volt höher liegt, als das der HCl-Elektrolyse:

$$2\,H^+ + 2\,CL \longrightarrow H_2 + Cl_2 \quad \Delta E = 2,099\,V_{(\text{Potential}+\text{Überspannung})} \quad (9.12.5)$$

$$2\,H_2O + 4\,H^+ \longrightarrow O_2 + 4\,H_2 \quad \Delta E = 3,212\,V_{(\text{Potential}+\text{Überspannung})} \quad (9.12.6)$$

Übertragungsverluste Spannungsverluste beim Durchleiten von elektrischem Strom durch einen Leiter. Sie betragen bei einer 100 kV-Wechselstromleitung ca. 6 % pro 100 km Leitungslänge. Um sie zu minimieren, transformiert man die zu übertragenen Wechselströme hoch.

Umrechnungen explizit werden physikalische Größen von Energien des elektromagnetischen Spektrums sowie kalorischer Größen beschrieben.

U_1: Größen des elektromagnetischen Spektrums

Das Elektromagnetische Spektrum umfasst Strahlung von 1 bis 10^{14} MHz, also von Radiowellen, der Wärmestrahlung, der sichtbaren und UV-Strahlung bis zur Röntgenstrahlung. In Tab. 9.12 sind nur jene Bereiche, die im vorliegenden Buch von Interesse sind, aufgeführt. Die Charakterisierung der Strahlung erfolgt in der Praxis jedoch nicht ausschließlich in Frequenzen ν, sondern u. a. auch nach Wellenlägen λ bzw.

Tab. 9.12 Spektralbereiche im Elektromagnetischen Spektrum

Spektralbereich (Applikationen)	Wellenlänge λ in nm bis cm	Wellenzahl $1/\lambda$ in cm^{-1}	Frequenz ν in Hz
[2] Mikrowellen (Heizgeräte)	60–0,3 cm	0,016–3,3	5.10^8–$1\cdot10^{11}$
[3] Infrarot (IR) (Wärmestrahlung)	10^2–2,5 μm	10^2–$0,4\cdot10^4$	3.10^{10}–$1,2\cdot10^{12}$
[4] sichtbares Licht (VIS) (LED, Photovoltaik)	700–400 nm	$1,42$–$2,5\cdot10^4$	$4,28$–$7,5\cdot10^{14}$
Ultraviolette Strahlung (UV) (Photovaltaik, Solarthermie)	400–190 nm	$2,5$–$5,26\cdot10^4$	$> 10^{14}$–10^{18}

Wellenzahlen $1/\lambda = \bar{v}$. Der Gebrauch der verschiedenen Größen ist allein historisch determiniert. Der Zusammenhang zwischen den drei physikalischen Größen ergibt sich über die Lichtgeschwindigkeit c. Sie beträgt $2{,}997\,925 \cdot 10^8$ m/s. Es gilt:

$$\mathbf{c} = \lambda \cdot v \tag{9.13}$$

Für die Energie der Strahlung ergibt sich:

$$\mathbf{E} = \mathbf{h}\,v = \mathbf{h} \cdot \mathbf{c}/\lambda = \mathbf{h} \cdot \mathbf{c}\,\bar{\mathbf{v}} \tag{9.14}$$

wobei die Größe h das Plancksche Wirkungsquantum ist und $6{,}626 \cdot 10^{-34}$ J/s beträgt. Mithin ist die Wellenzahl $1/\lambda = \bar{v}$ cm^{-1} eine Energie proportionale Größe. Es gelten folgende Umrechnungen:

$$1/\lambda = \bar{\mathbf{v}}\left[\mathbf{cm}^{-1}\right] = 10^4/\lambda[\mu\mathbf{m}] = 10^7/\lambda[\mathbf{nm}] \tag{9.14}$$

Das Elektronenvolt ist ebenfalls eine Energiegröße, u. a. zur Angabe der Energielücke in Halbleitern. Dabei entspricht 1 eV $= 8{,}066 \cdot 10^3$ cm^{-1} $= 1236$ nm (NIR-Bereich). Die Umrechnung ergibt sich mit den drei Naturkonstanten e $= 1{,}602 \cdot 10^{-19}$ C für die Elektronenladung, dem Wirkungsquantum h $= 6{,}6 * 10^{-34}$ J s, der Lichtgeschwindigkeit c $= 3 \cdot 10^8$ m/s sowie der Umrechnung 1 C $=$ 1 A s bzw. 1 V $=$ 1 W/A zu:

$$1\,\mathbf{eV} = \mathbf{h}\,\mathbf{c}/\lambda, \tag{9.15}$$

$$\lambda = \mathbf{h}\,\mathbf{c}/\mathbf{eV}\ \mathbf{und} \tag{9.15.1}$$

$$\lambda = 1{,}236 * 10^3/\mathbf{eV}. \tag{9.15.2}$$

U$_2$: Umrechnung kalorischer Größen
Kalorische Grundeinheit ist das Joule, benannt nach dem englischen Physiker Joule. Im **cgs**-System ausgedrückt ergibt sich:

$$1\,\mathbf{J} = 1\ \mathbf{kgm}^2/\mathbf{s}^2 \tag{9.16}$$

Die Leistung von elektrischen Maschinen und Geräten, wie Generatoren oder E-Motoren drückt man in Watt aus. Diese Energiegröße wurde nach dem englischen Ingenieur Watt benannt:

$$1\,\mathbf{W} = \mathbf{J}/\mathbf{s} = 1\ \mathbf{kg}\ \mathbf{m}^2/\mathbf{s}^3. \tag{9.17}$$

Umrechnungen Joule in Watt ergibt sich zu:

$$1\,\mathbf{Ws} = 1\ \mathbf{J} = 1\ \mathbf{kgm}^2/\mathbf{s}^2, \tag{9.18}$$

$$1\,\mathbf{kWh} = 3{,}6 \cdot 10^6\ \mathbf{J} = 3{,}6\ \mathbf{MJ}\ \mathbf{und} \tag{9.18.1}$$

$$1\,\mathbf{MJ} = 0{,}27778\ \mathbf{kWh}. \tag{9.18.2}$$

U₃ Umrechnung von Druck in Energie

Den Druck gibt man in Pascal ab. Die physikalische Einheit Pa wurde nach dem französischen Naturwissenschaftler Pascal benannt:

$$1\ \mathbf{Pa} = 1\ \mathbf{kg/m\,s^2} = 10^{-5}\mathbf{bar}. \qquad (9.19)$$

Das Produkt aus dem Druck p und dem Volumen v stellt eine Energieangabe dar. Um ein Volumen von 1 m³ auf 1 Pa zu erhöhen, benötigt man:

$$\mathbf{pv} = 1\ \mathbf{Pa} * \mathbf{m^3} = 1\ \mathbf{kg/m\,s^2} * \mathbf{m^3} = 1\ \mathbf{kg\,m^2/s^2} = 1\ \mathbf{J} = 1\ \mathbf{Ws}. \qquad (9.20)$$

U₄ Umrechnung von Energie in Stoffmengen

Die Umrechnung von Energien in Stoffmengen erfolgt gemäß Gl. 9.2 auf der Basis der **Faraday**schen Gesetze. Umrechnungen sind in Tab. 9.13 für die Gase H_2, CO_2 und CH_4 gegeben.

URFC unitized regenerative fuel cell, Brennstoffzelle zur H_2-Erzeugung aus E-Energie und Rückverstromung des H_2 zu E-Energie.

UNFCCC United Nations Framework Convention on Climate Change Rahmenübereinkunft der Vereinten Nationen über Klimaänderungen

Val Masse- bzw. Mengeneinheit in der Chemie, die aus dem Quotienten von Atommasse in Gramm g und der Wertigkeit n eines Ions gebildet wird:

$$1\ \mathbf{val} = \mathbf{g/n} \qquad (9.21)$$

Vattenfall schwedischer Energiekonzern mit Sitz in Solna, Staatskonzern mit 20.000 Mitarbeitern

VOC- frei englisch volatile organic compounds, Bezeichnung für flüchtige organische Stoffe, z. B. Lösungsmittel. Für Lack- und Anstrichmittel, aber auch Betonhilfsmittel versucht man, VOC-freie oder Wasser basierte Formierungen zu finden. Die Fettsäuremethylester stellen VOC-freie, nicht toxische Lösungsmittel dar.

Tab. 9.13 Umrechnungen von Energie- und Stoffmengen

Stoff	Stoffmenge in Nm³	Stoffmenge in kg	Energiemenge in kWh	Bemerkung
H_2	1	0,08928	4,3–4,9	
H_2	204–232		1000	
CO_2	1	1,964	12,52–14,27	Methanolsynthese nach Gl. 4.9
CH_4	1	0,6696	5,78–6,58	nach Gl. 2.2

Wärmeäquivalent Umrechnungsfaktor zwischen elektrischer und Wärmeenergie. Es gilt:

$$\textbf{VAs} = 0{,}239 \ \textbf{cal} = 1 \ \textbf{J} \tag{9.22}$$

und

$$1 \ \textbf{kWh} = 1000 \ \textbf{W} * 3600 \ s = 3{,}6 \cdot 10^6 \ \textbf{Ws} = 3{,}6 \ 10^6 \textbf{J} \tag{9.23}$$

Wasserstoff Das Wasserstoffmolekül besitzt keinen Dipol und kann elektromagnetische Strahlung nicht absorbieren, ist also spektroskopisch prinzipiell farblos und damit nicht Klima aktiv. Ökologisch teilt man den Wasserstoff je nach Herstellungsverfahren in grünen, grauen, blauen oder türkisfarbenen Wasserstoff ein (Tab. 9.14).

W_p Maßeinheit für die Leistung von Photovoltaikanlagen. Unter einer Peakleistung W_p versteht man die Leistung von Photovoltaikzellen unter Standardbedingungen.

waste-to-resource-unit biotechnologische Prozesseinheit, die die Umwandlung von organischen Reststoffen, z. B. Nahrungsmittelresten in hochwertige Rohstoffe ermöglicht.

Wirkungsgrad Nach Carnot ergibt sich die theoretisch nutzbare Menge an Arbeit bei der Umwandlung von Wärme aus der Temperaturdifferenz des heißen und des kalten Zustandes zu:

$$\eta_c = 1 - T_k/T_H \tag{9.24}$$

mit η_c Carnotscher Wirkungsgrad in %, T_K kalter Zustand, T_H heißer Zustand.

Tab. 9.14 Ökologische Bezeichnungen für Wasserstoff

Bezeichnung	Herstellung	Bemerkung
[1] grüner H_2	Elektrolyse von Wasser	Gemäß Gl. 2.1
[2] grauer H_2	1.Dampfreforming von CH_4 $CH_4 + 2\,H_2O \longrightarrow CO_2 + 4\,H_2$ 2.Wassergas aus Braunkohle $CO + H_2O \longrightarrow H_2 + CO_2$	Unter Bildung von CO_2
[3] blauer H_2	Dampfreforming von CH_4	Unter Bildung von CO_2 aber CO_2-Speicherung nach CCS
[4] türkisfarbener H_2	thermische CH_4-Spaltung $CH_4 \longrightarrow 2\,H_2 + C$	Unter C-Bildung, keine CO_2-Emission!

Den theoretischen Wirkungsgrad des Photovoltaikprozesses erhält man z. B. zu:

$$\eta = 1 - T_{sonne}/T_{Erde} \tag{9.25}$$

mit:T_{sonne}5800 K und T_{Erde}300 K.

Er beträgt etwa 95 %. Praktisch wird ein Teil der Energie aber durch die Atmosphäre absorbiert, sodass etwa nur 85 % nutzbare Sonnenenergie zur Verfügung stehen. Technisch lassen sich mit Halbleitermodulen derzeit nur ca. 20 % gewinnen. Der Wirkungsgrad von Brennstoffzellen hängt vom Entropiezuwachs bei der elektro-chemischen Reaktion ab, Im Falle der Umsetzung von CH_4 mit O_2 zu CO_2 beträgt die Entropie $\Delta S = 0$, der Wirkungsgrad $\eta = 1$. Die Reaktion von H_2 mit O_2 ist mit einem Anwachsen der Entropie von 44,4kJ/(K * Mol) verbunden, d. h. der Wirkungsgrad beträgt dann nur:

$$\eta = 1 - T\Delta S/\Delta H \tag{9.26}$$

mit: Δ H Reaktionsenthalpie, Δ S Entropie, T Temperatur.

Führt man jedoch die entstehende Wärme an ein Blockheizwerk ab, erreicht man einen Wirkungsgrad von ca. $\eta = 1$. Interessant ist der Gesamtwirkungsgrad von Kon-vertierungsketten (Tab. 9.15). Stellt man die E-Energie aus Kohlestrom her und erzeugt daraus mittels Elektrolyse H_2 und wandelt in einer Brennstoffzelle den Wasserstoff in Strom zurück, erreicht man einen Gesamtwirkungsgrad von nur 14% (Tab. 9.16, Spalte 2). Wesentlich höher ist dagegen der Gesamtwirkungsgrad, wenn man Photovoltaik-strom vom Hausdach mit einem Li-Akku speichert, damit den Li-Akku im Auto auflädt. Man erreicht bei diesen Konvertierungen einen Gesamtwirkungsgrad von etwa 75 % (Tab. 9.16, Spalte 4).

Tab. 9.15 Wirkungsgrade von technischen Prozessen

Prozess 1	Wirkungsgrad in % 2	Bemerkung 3
Strom aus Brennstoffzelle	0,60	
H_2 über Erdgasreforming	0,75	
Strom aus Kohle	0,38	
Stromtransport	0,92	
H_2-Verdichtung	0,88	700 bar
H_2 über Elektrolyse	0,8	
Strom aus Li-**Akku**	0,94	
E-Motor	0,95	
Strom aus PV.Anlage	0,9	

Tab. 9.16 Wirkungsgrade von Energieketten

Konvertierung der Energiekette [1]	Wirkungsgrad η [2]	Konvertierung der Energiekette [3]	Wirkungs-grad η [4]
Kohlekraftwerk	0,39	Li-Akku $_{Haus}$	0,9
Übertragung	0,92	Li-Akku $_{Auto}$	0,94
Elektrolyse zu H_2	0,8	E-Motor	0,95
Brennstoffzelle	0,6	Auto	0,94
E-Motor	0,95		
Gesamt	0,14		> 0,75

Namenregister

Carnot Nicolaus Leonard Sadi, 1796–1832, französischer Physiker, verfasste Abhandlungen zum Wirkungsgrad von Dampfmaschinen und zur Thermodynamik.

Faraday Michael. 1791–1867, englischer Physiker, Professor für Chemie und Elektrochemie, Namensgeber für die elektrochemische Größe der Ladungsmenge.

Fischer Franz, 1877–1947, deutscher Chemiker, entwickelte mit H. Tropsch am KWI für Kohleforschung in Mühlheim an der Ruhr 1925 ein Verfahren zur Konvertierung von Kohle zu flüssigen Produkten, das Fischer-Tropsch-Verfahren.

Joule James Prescott, 1818–1989, englischer Physiker, entdeckte das Gesetzt über die Stromwärme, Namensgeber für die Energiegröße, das Joule.

Linde Carl Paul Gottfried 1842–1834, Ingenieur und Unternehmer, Erfinder des nach ihm benannten Luftzerlegungsverfahrens, ab 1897 Ritter von Linde.

Ohm Georg Simon, 1789–1854, deutscher Schlosser und Autodidakt, später Physiker. Er erkannte den Zusammenhang zwischen der Stromstärke und der Spannung, den Widerstand, später ihm zu Ehren als Ohmscher Widerstand benannt.

Pascal Blaise, 1623–1662, französischer Physiker, Mathematiker und Philosoph, Namensgeber für die Maßeinheit des Druckes, das Pascal.

Planck Max Karl Ernst, 1858–1947, deutscher Physiker, Entdecker des Wirkungsquantums und Begründer der Quantenphysik, Nobelpreis für Physik 1919.

B. Adler et al., *Energie- und Produktionswende im ländlichen Raum*,
https://doi.org/10.1007/978-3-658-33444-4

Riebeck Emil, 1853–1885, Sohn des Bergmanns und späteren Großindustrielle C. A. Riebeck, promovierter Chemiker und Naturforscher.

Sabatier Paul, 1865–1941, französischer Chemiker, erhielt für seine Arbeiten zur Hydrierung von CO_2 zu CH_4 im Jahre 1912 den Nobelpreis für Chemie.

Tropsch Hans, 1889–1935, deutscher Chemiker, entwickelte mit Fischer die Synthese zur Kohleverflüssigung.

Watt James 1736–1819 schottischer Erfinder, verbesserte die Technik der Dampfmaschine, Namensgeber für die Energiegröße der Leistung, das Watt.

Literatur

1. Abschlussbericht der Kommission für Wachstum, Strukturwandel und Beschäftigung (26.1.2019)
2. Denkschrift Club of Rome: Endlichkeit des Wachstums. St Gallen-Studie (1972)
3. https://www.energie-experten.ch/de/business/detail/kommunikation-und-stromverbrauch.html
4. B. Adler: Moderne Energiesysteme – ein Beitrag zur Energiewende. Springer Spektrum Heidelberg (2019) S. 14 ISBN 978-3-662-60688-9
5. Weltraumbahnhof Nordsee, Meldung MZ (8.9.2020) Raketenstartplatz für Fa. Isar Aerospace
6. https://www.umweltbundesamt.de/daten/flaeche-boden-land-oekosysteme/flaeche/struktur-der-flaechennutzung#die-wichtigsten-flachennutzungen
7. B. Adler, H. Ziesmer: Chemische Karzinogenese von A bis Z – Ein Lexikon. DVG Leipzig/Stuttgart (1996) ISBN 3-342-00678-1
8. https://www.energieatlas.bayern.de/thema_wind.html
9. W. Halbhuber: Betrieb von Kleinwindkraftanlagen – Ein Überblick über Markt, Technik und Wirtschaftlichkeit. GRIN-Verlag, 2010, ISBN 3-640-58796
10. Positionspapier Handlungshinweise Power to Gas www.energie-innovativ.de (4/2013)
11. Energiesysteme gestalten. Nachrichten aus der Chemie **67** (2019) S. 35
12. A. Deter: Förderung ländlicher Raum im Osten stoppen. https://www.topagrar.com/management-und-politik/news/iwh-empfiehlt-laendliche-raeume-in-ostdeutschland-aufzugeben-landjugend-empoert-10371644.html (16.3.2019)
13. J. Wille: Strom vom Acker. Frankfurter Rundschau (12.5.2019)
14. B. Adler: Moderne Energiesysteme…. Springer Spektrum Heidelberg (2019) S. 53
15. F. Ziegler: Kühlen mit Sorptionskaltwassersätzen, Sanitär- und Heizungstechnik. Heft 7 (2000) S. 42–47
16. https://utopia.de/photovoltaik-see-schwimmende-solaranlagen-157276/
17. T. Thomas: Praxisreife Lösungen für schwimmende Fundamentierung. In: Schiff & Hafen, Heft 12 (2014) S. 36–38
18. Schwimmende Fundamente für Windenergieanlagen. In: Schiff & Hafen, Heft 6 (2013) Hamburg 2013, S. 128
19. siehe [14] S. 71
20. https://de.directhit.com/Einspeisevergütung **Photovoltaik 2019**/
21. https://www.ingenieur.de/technik/fachbereiche/energie/technologien-des-energiespeicherns-ein-ueberblick/
22. https://www.photovoltaik4all.de/aktuelle-eeg-verguetungssaetze-fuer-photovoltaikanlagen-2017

B. Adler et al., *Energie- und Produktionswende im ländlichen Raum*,
https://doi.org/10.1007/978-3-658-33444-4

23. https://www.erneuerbare-energie.de/windenergie-kosten
24. https://de.wikipedia.org/wiki/Erneuerbare-Energien-Gesetz
25. https://www.xing.com/communities/posts/h2-fuer-nur-15-euro-pro-kg-1007578744
26. https://www.green-industrial-hydrogen.com/
27. M. Deutsch: Die Zukunft strombasierter Brennstoffe. https://www.agora-energiewende.de/fileadmin2/Projekte/2018/VAs_sonstige/BET_Energieeffizienz_Sektorkopplung/04_Matthias_Deutsch_Agora_Foliensatz_BET_08052018.pdf
28. Gaspreise in Deutschland https://www.heizsparer.de/energie/gas/gaspreise
29. EEG-Gesetze Erneuerbare-Energien-Gesetze, Abkürzung EEG 2017, letzte Änderung 21.12.2020 BGBl Teil 1 Seite 3139
30. Infografik: Anbau nachwachsender Rohstoffe in Deutschland 2009. Fachagentur Nachwachsende Rohstoffe e. V. (23.6.2010)
31. R. Stürmer, M. Breuer: Enzyme als Katalysatoren. Chemie und Biologie Hand in Hand. In: Chemie in unserer Zeit Band **40** (2006) 104–111
32. Ullmanns Encyklopädie der technischen Chemie 3. Auflage, Bd. **8** Stichwort Holzverzuckerung S. 595, München (1957)
33. B. Adler: Biodiesel Kleinstanlagen. Dracowo AG Wolfen, DE 10 2006 002 848 .1 (10.1.2006)
34. M. Münz, et al.; Oxymethylene Ether (OME1) as Synthetic Low Emission Fuel for Diesel Engines. 3. Internationaler Motorenkongress. Baden-Baden. Februar (2016)
35. B. Adler: Native Epoxide und Epoxidharzformierungen, Springer Spektrum Heidelberg (2017) Kap. 2, ISBN 978-3-662-55613-9
36. B. Adler: Photopolymerisation nativer Epoxide. DE 10 2007 0395 73.2 (14.8.2007)
37. B. Adler: 1K-Formierung nativer Epoxidklebstoffe als Glaskleber. DE 2007 050579.7 (11.10.2007)
38. B. Adler: Duro-Schäume aus nativen Epoxiden. Patent DE 10 2009 018 635 A1 (15.4.2009)
39. Th. Schnitzler: Polymere Alleskönner der Moderne. GDCh Magazin (9/2020)
40. B. Adler: Computerapplikationen in der Mitteldeutschen Chemieregion. Springer Spektrum Heidelberg (2019) S. 56 ISBN 978-3-662-59055-3
41. S. Kirst et al.: Lexikon der pflanzlichen und tierischen Fette und Öle, Springer Wien (2008) ISBN 978-3-211-75606-5
42. R. Criegee: Die Ozonolyse. In: Chemie in unserer Zeit. Bd. **7**, Nr. 3, (1973) S. 75-81
43. B. Adler: In Neue Wege in der Landwirtschaft ZUFO Uni Münster Heft **12** (2002) S. 85
44. A. Vetter, G. Wurl, T. Graf: Iberischer Drachenkopf – ein neuer Linolensäurelieferant für die Chemische Industrie. www.tll.de/ainfo/archiv/indra/0403pdf
45. Anbautelegramm Iberischer Drachenkopf TLL Dornburg www.tll.de/ainfo/pdf/idra/0708.pdf
46. https://www.destatis.de/DE/Themen/Branchen-Unternehmen/Landwirtschaft-Forstwirtschaft-Fischerei/Wald-Holz/aktuell-holzeinschlag.html
47. J. Kunde: Förderung der Pelletheizung in der Übersicht. (5/2020) https://heizung.de/pelletheizung/foerderung/
48. A. Salazar, E. Mejia: Ein Grüner Bruder für PEZ. Nachr. a. d. Chem. **68** (2020) S. 39
49. A. J. J. E. Eerhart et al. Energy Environ. Sci. (2012) **5** (9) S. 6407
50. Daten des Statistischen Bundesamtes, nach UmweltMagazin März 2013.
51. Sunfire – Sunfire-Energy-Everywhere. https://www.sunfire.de (2019)
52. B. Lumpp, et al.: Oxymethylenether als Dieselkraftstoffzusätze der Zukunft. In: MTZ – Motortechnische Zeitschrift. **72** (2011) S. 198
53. https://recyclingportal.eu/Archive/15096. Norwegen hofft auf die Renaissance der CCS-Technologie

54. Das Sleipner-Projekt der norwegischen Firma Statoil: Einlagerung von CO_2 im norwegischen Nordsee-Meeresgrund (2012)

55. J. P. Gerling: Kohlendioxidspeicherung – Stand in Deutschland und Europa. In: Spektrum der Wissenschaft, (2009) S. 70

56. H. Sander: Die Verwendung von festen und flüssigen Abfällen…In: Braunkohleveredlung im Lausitzer Revier. Waxmann München (2009) S. 233–245 ISBN 978-3-8309-1684-0

57. Klärschlammverordnung Fassung (27.6.2020)

58. Ch. Ehrensberger: Reifeprüfung für P-Rückgewinnung. Nachr. a. d. Chemie **68** (2020) S.40

59. A. Deter: https://www.topagrar.com/acker/news/struvit-recyceltes-mineral-aus-abwasser-stoesst-als-duenger-auf-akzeptanz-11819566.html (24.9.2019)

60. I. Enderlein: Umweltfreundlicher Putzen. https://www.nabu.de/umwelt-und-ressourcen/oekologisch-leben/alltagsprodukte/10507.html

61. W. H. Höll: Methoden der Nitratentfernung. KTI-Bibliothek Karlruhe (2006)

62. https://www.zdf.de/politik/frontal-21/antibiotika-im-wasser-100.html   Pressemitteilung (10/2019)

63. Deutsche Apotheker Zeitung (2001) 31

64. U. Neubauer: Regionales Monitoring, Klärankagen als Frühwarnsysteme, GDCh Fachgruppe Analytik, Mitteilungsblatt 2+3 (2020) S. 30

65. https://deutsche-wirtschafts-nachrichten.de/2019/08/18/zement-erzeugt-mehr-co2-lkw/

66. B. Adler: Moderne Energiesysteme Springer Spektrum (2019) Kap. 7.3.3

67. D. Bender et all.: Ohmic Heating… Food Bioprocess Technol **12** (2019) S. 1603

68. L. Haller: https://www.welthungerhilfe.de/lebensmittelverschwendung/#c16878 (2019)

69. https://de.wikipedia.org/wiki/Liste_der_Länder_nach_Ackerland_pro_Kopf

70. https://de.wikipedia.org/wiki/In-vitro-Fleisch

71. MIBRAG-Präsentation Rohstofftag Sachsen Anhalt (8/2017) S.7 IHK Halle

72. https://www.bund.net/fileadmin/user_upload_bund/_migrated/publications/150504_bund_sonstiges_bodenschutz_terra_preta_einschaetzung.pdf

73. R. Redmond et al.; Forschung und Entwicklung in der Landwirtschaftlichen Robotnik. Internationale Zeitschrift für Agrartechnik und Biologie **11** (2018) S. 1–14

74. St. Schwich, I. Stasewitsch, M. Fricke, J. Schattenberg: Übersicht zur Feld-Robotik in der Landtechnik In: Jahrbuch Agrartechnik Bd. **30** (2018)

75. C. C. Gaus, T. F. Minßen, L. M. Urso: Mit autonomen Landmaschinen zu neuen Pflanzenbausystemen. Johann Heinrich von Thünen-Institut, Institut für mobile Maschinen TU Braunschweig, Julius Kühn-Institut. Abschlussbericht (2017)

76. R. R. Shamshiri et al.: Forschung und Entwicklung in der landwirtschaftlichen Robotik: Eine Perspektive der Digitallandwirtschaft. Intern. Z. f. Agrartechnik und Biologie **11** (4) (2018) S. 1–14

77. V. Reske: Die Proteinquelle der Zukunft. In Quarks (1/2020) https://www.quarks.de/gesundheit/ernaehrung/insekten-die-proteinquelle-der-zukunft/

78. M. de Vreis, M. de Boer: Comparing environmental impacts for livestock products: A review of life cycle assessments. Livestock Scjence128 (2010) S. 1–11

79. https://www.zeit.de/wissen/2019-05/lebensmittelverschwendung-haushalte-essen-muell-deutschland

80. https://www.pflanzenforschung.de/de/pflanzenwissen/journal/kohlendioxid-die-gemischte-bilanz-der-landwirtschaft-10011

81. K. Schächtele, H. Hertle: Rechner für ein internetbasiertes Tool zur Erstellung persönlicher CO_2-Bilanzen.Forschungsauftrag im Auftrag des UBA ifeu Heidelberg (2007)

82. T. Gaugler: Discounter weist wahre Verkaufspreise aus. Lebensmittelpraxis (1.9.2020)

83. C. Hoffmann: Eine Flugreise ist das größte ökologische Verbrechen. Süddeutsche Zeitung (31.5.2018)

84. https://www.wetter.de/cms/lebensmittelverschwendung-schaedigt-das-klima-2824807.html 1,3 10^9 t Nahrungsmittel/a

85. [77]   Flutschäden geringer als befürchtet. In: Handelsblatt. Nr. 135, 17. Juli 2013, ISSN 0017-7296, S. 9

86. S. Kühn: Nachhaltig reisen: Wie schädlich fliegen wir wirklich? https://wirelesslife.de/nachhaltig-reisen-fliegen/ (2018)

87. https://www.agrarheute.com/management/betriebsfuehrung/flaechenverbrauch-deutschland-wichtigsten-fakten-542601

88. https://www.wwf.de/themen-projekte/landwirtschaft/ernaehrung-konsum/lebensmittelverschwendung

89. www.umweltbundesamt.de/daten/klima/treibhausgasemissionen-in-deutschland

90. B. Adler: Strategische Metalle. Springer Spektrum Heidelberg (2017) S. 99 ISBN 978-3-662-53035-1

91. S. L. Riedel, S. Junne: Aus Resten schöpfen. Nachr. Chemie **68** (2020) S, 38

92. S. L. Riedel et all. Appl. Microbiol. Biotechnol. **98** (2014) S. 2914

93. https://www.leuphana.de/newsexport/2017/03/16677Prof._Dr._Daniel_Pleissner_ueber_nachhaltige_Chemie_in_der_Resteverwertung.pdf

94. https://www.heise.de/newsticker/meldung/Lecker-Strom-Bakterien-als-Elektronenatmer-und-Elektronenfresser-4089465.html (2018)

95. https://www.scinexx.de/news/energie/bakterien-als-batterie/

96. https://www.ndr.de/ratgeber/klimawandel/CO2-Ausstoss-in-Deutschland-Sektoren,kohlendioxid146.html (2019)

97. in [4] S. 91

98. W. Amelung, H.-P. Blume, H. Fleige, R. Horn, E. Kandeler, I. Kögel-Knabner, R. Kretschmar, K. Stahr, B.-M. Wilke: Scheffer/Schachtschabel Lehrbuch der Bodenkunde. 17. Auflage. Heidelberg 2018. ISBN 978-3-662-55870-6

99. M. Hilgers: Nutzfahrzeugtechnik: Kraftstoffverbrauch und Verbrauchsoptimierung. Springer-Vieweg (2016) ISBN 978-3-658-12 750

100. https://www.agrarheute.com/technik/ackerbautechnik/pfluglose-bodenbearbeitung-pro-contra-513975 Humus

101. aus Industrie + Technik in: Nachr. a. d. Chem. **68** (2020) S. 35

102. A. Huke, G. Ruprecht, D. Weißbach u. a.: The Dual Fluid Reactor – A novel concept for a fast nuclear reactor of high efficiency. In: Annals of Nuclear Energy. Bd. **80** (2015), S. 225–235

103. J. Heinrich, V. Grote, A. Peters, H.-E. Wichmann: Gesundheitliche Wirkungen von Feinstaub: Epidemiologie der Langzeiteffekte. In: Umweltmedizin in Forschung und Praxis, 7, Nr. 2, 2002, S. 91–99

Stichwortverzeichnis

© Der/die Herausgeber bzw. der/die Autor(en), exklusiv lizenziert durch Springer
Fachmedien Wiesbaden GmbH, ein Teil von Springer Nature 2021
B. Adler et al., *Energie- und Produktionswende im ländlichen Raum,*
https://doi.org/10.1007/978-3-658-33444-4

Printed in the United States
by Baker & Taylor Publisher Services